JACKIE POCKLINGTON &
PATRIK SCHULZ & ERICH ZETTL

Bewerben auf Englisch:
Tipps, Vorlagen & Übungen

Fachsprache Englisch

studium
kompakt

resume
Lebenslauf

Cornelsen

studium kompakt Fachsprache Englisch

Bewerben auf Englisch: Tipps, Vorlagen & Übungen

Die Hochschulreihe studium kompakt Fachsprache Englisch wurde von den Verfasserinnen und Verfassern in Zusammenarbeit mit der Verlagsredaktion entwickelt.

Verfasser:	Prof. Dr. Jackie Pocklington, Patrik Schulz, Prof. Dr. Erich Zettl
	Patrik Schulz (CD-ROM Entwicklung)
Verlagsredaktion:	Dr. Blanca-Maria Rudhart
	Martin Maier,
	Barbara Kröber (CD-ROM Redaktion)
Layout:	Gisela Hoffmann
Technische Umsetzung:	Sabine Theuring
Umschlagsgestaltung:	Bauer + Möhring grafikdesign, Berlin

Die Deutsche Bibliothek – CIP-Einheitsaufnahme:
Pocklington, Jackie; Schulz, Patrik; Zettl, Erich:
studium kompakt Fachsprache Englisch:
Bewerben auf Englisch: Tipps, Vorlagen & Übungen/Jackie Pocklington, Patrik Schulz, Erich Zettl. –
    1. Aufl. – Berlin: Cornelsen Verlag 2004
    ISBN 3-464-03125-X

 http://www.cornelsen.de

1. Auflage, 3. Druck 2005

© 2004 Cornelsen Verlag, Berlin

Druck: CS-Druck CornelsenStürtz, Berlin

Bestellnummer 31250

Gedruckt auf säurefreiem Papier,
umweltschonend hergestellt aus chlorfrei gebleichten Faserstoffen.

Inhalt

Alle größeren Unternehmen auf der ganzen Welt operieren heute auf einem internationalen Markt. Auch bei der Rekrutierung von qualifiziertem Personal kennt der Markt längst keine Grenzen mehr. Multinational erfahrenen, sprachkundigen, flexiblen und mobilen Bewerbern, die bereit sind, ins Ausland zu gehen, bieten sich daher einzigartige Chancen.

Eine Bewerbung um ein Praxissemester im Ausland könnte für Sie ein erster Probelauf sein. Nach Ihrem Studium planen Sie vielleicht den Einstieg in eine internationale Karriere. Voraussetzung für Ihren Erfolg ist eine eindrucksvolle Bewerbung auf Englisch.

Dazu hilft Ihnen dieses Buch. Es erklärt Ihnen, wie man US-amerikanische und britische Lebensläufe und Anschreiben erstellt, was Sie bei Interviews, Assessment Center und Gehaltsverhandlungen zu beachten haben und wie Sie durch Networking, durch Jobsuche und Bewerben im Internet weite Arbeitsmärkte erschließen können.

Diese Erklärungen allein genügen jedoch nicht. Für Ihre Bewerbung brauchen Sie einen individuellen Fachwortschatz. Denn Sie haben Ihre eigene Lebensgeschichte und können die allgemeinen Vorlagen von Lebensläufen und Anschreiben, die Sie in zahlreichen Ratgebern finden, nicht einfach übernehmen. Was sind z.B. die englischen Bezeichnungen Ihres Studiengangs und Ihrer Studienfächer, Ihres Berufs und der Bildungseinrichtungen, die Sie durchlaufen, der Prüfungen und Praktika, die Sie absolviert haben? Wie können Sie in Ihren Anschreiben, Lebensläufen und Interviews klar machen, welche Qualifikationen Sie von anderen Bewerbern unterscheiden? Welche Ausdrücke brauchen Sie, um Ihre Zeugnisse zu übersetzen, sich auf ein Interview oder gar auf ein englischsprachiges Assessment Center vorzubereiten? Welche Wendungen benötigt ein Arbeitgeber oder Professor, der für Sie ein Arbeitszeugnis oder einen Empfehlungsbrief auf Englisch schreibt?

Diese Fragen beantwortet der **Job Application Assistant** auf der beigefügten CD-ROM. Sein zentraler Teil ist ein deutsch-englisches Bewerbungswörterbuch. Wörter und Wendungen zum Bewerbungsprozess können Sie damit einzeln in der Folge Deutsch-Englisch und Englisch-Deutsch, aber auch in Listen von Wortfeldern leicht abrufen. Ein Wörterbuch dieser Art finden Sie in kaum einem anderen Ratgeber.

Schwerpunkte sind diejenigen Wortfelder, deren Übersetzung besondere Schwierigkeiten bereitet und die in den gebräuchlichen Wörterbüchern nicht berücksichtigt sind:

- Bezeichnungen der deutschen Bildungseinrichtungen und deren Abschlussprüfungen,
- Bezeichnungen von Schul- und Hochschulabschlüssen, Studiengängen und Studienfächern,
- Berufsbezeichnungen,
- sogenannte „action words", durch welche die Bewerber/innen in ihren Briefen, Resumes und Interviews knapp und anschaulich ausdrücken, was sie während ihrer Praktika und beruflichen Tätigkeiten geleistet haben und
- Bezeichnungen von persönlichen Eigenschaften und Qualifikationen.

Der Job Application Assistant bietet Ihnen aber noch wesentlich mehr:

- Interaktive Check-yourself-Übungen zu allen Buchkapiteln, durch die Sie inhaltliche und sprachliche Kenntnisse über alle Stufen der Bewerbung prüfen können,
- Living-Model-Documents, mit deren Hilfe Sie die Besonderheiten von US-amerikanischen und britischen Lebensläufen und Anschreiben, Networking E-Mails, Übersetzungen von Arbeitszeugnissen/Empfehlungsschreiben sowie Diplomzeugnissen kennen lernen,
- einen Dokumentengenerator, mit dem Sie Ihren Lebenslauf, Ihr Anschreiben, eine E-Bewerbung und einen Dankesbrief erstellen können,
- eine Reihe zusätzlicher Beispiele von Bewerbungsdokumenten und Zeugnisübersetzungen,
- Phrasebooks mit den gebräuchlichen englischen Wendungen für alle Bewerbungsdokumente sowie weitere Tipps für Lebenslauf, Anschreiben, Vorstellungsgespräch und Bewerben im Internet,
- eine Vielzahl von Internet-Links zu Ressourcen wie Karriereseiten, Jobbörsen, Unternehmensverzeichnissen und Seiten mit Berufs- und Arbeitsmarktinformationen,
- Kontaktadressen für erste Schritte bei der Arbeitsuche und
- eine Liste mit ausgewählter Literatur zu englischen und internationalen Bewerbungsratgebern.

Wir meinen, dass Sie nach Studium unseres Ratgebers und der Arbeit mit dem Job Application Assistant auf Ihre internationale Bewerbung gut vorbereitet sind. Dazu wünschen wir Ihnen den besten Erfolg.

I Lebenslauf

I Lebenslauf

Wir erleben heute einen tief greifenden Wandel in der Informations-verarbeitung und Informationsübertragung. Damit wandelt sich auch der Bewerbungsprozess. Zwar werden noch die meisten Bewerbungs-dokumente durch die Briefpost an ihr Ziel gebracht, selbst in den USA. Doch der Computer verändert die Art, wie Anschreiben und Lebens-läufe erstellt, gesendet, aufbewahrt und gesichtet werden, rasch und grundlegend. Die Gründe dafür liegen auf der Hand:

– Die Bewerbung ist in wenigen Minuten am Ziel, ebenso die Antwort.
– Die Angaben in einem Lebenslauf lassen sich in Datenbanken bequem speichern und abrufen.
– Sie lassen sich ebenso bequem nach Schlüsselwörtern sichten.
– Die Personalabteilungen der Unternehmen vermeiden Berge von Papier und ersparen sich lange Mühe und teure Arbeitskräfte.

Deshalb erwarten vor allem große Firmen, die jährlich oft Tausende von Bewerbungen erhalten, eine Übersendung der Unterlagen durch E-Mail. Das bedeutet aber nicht, dass der traditionelle Lebenslauf bereits ausgedient hat. Es bedeutet aber, dass Sie Online-Versionen bereithalten sollten, die etwas anders formuliert und anders gestaltet sind. Diese sind das Thema des Kapitels VI „Jobsuche und Bewerben mit dem Internet". Mit den Übungen auf der CD-ROM können Sie Ihre Kenntnisse überprüfen und vertiefen. Der Zweck eines Lebenslaufes ändert sich dabei aber nicht im Geringsten: Ihren möglichen Arbeitgeber zu überzeugen, dass Sie für eine freie Stelle der/die beste Bewerber/in sind.

 CD-Rom

Newsweek Dec. 25, 1995

2.1 Angaben zur Person

In einem Lebenslauf finden sich Angaben zur Person und zu den Fähigkeiten des Bewerbers/der Bewerberin. Die folgenden Stichwörter bezeichnen mögliche Angaben zur Person. Mit Hilfe des Bewerbungswörterbuchs übersetzen Sie diese Begriffe ins Englische. Welche halten Sie für wichtig? Welche für überflüssig? Versetzen Sie sich in die Lage eines Personalchefs/einer Personalchefin.

1 Überschrift, Name
2 Adresse, Telefon, Fax, E-Mail
3 Foto
4 Geburtsdatum
5 Geburtsort
6 Familienstand
7 Nationalität
8 Rasse
9 Konfession
10 Gesundheit
11 Ort und Datum der Abfassung
12 Unterschrift

In englischsprachigen Ländern sind zwei Varianten von Lebensläufen gebräuchlich: das US-amerikanische *resume* (auch *résumé*) und das britische *curriculum vitae* oder CV. Welche der genannten Abschnitte oder Teile werden in einem *resume* bzw. in einem *curriculum vitae* als wichtig betrachtet? Welche erscheinen nicht?

- Curriculum Vitae ist gewöhnlich die Überschrift (1) *[=heading]* eines traditionellen britischen Lebenslaufes. In einem *resume* (sowie in modernen CV) ist die Überschrift der Name des Bewerbers.
- Kontaktadressen (2) *[=contact information]* dürfen in keinem Fall fehlen.
- In amerikanische *resumes* werden keine Fotos (3) *[=photos]* aufgenommen, ebenso wenig Angaben über Geburtsdatum (4) *[=date of birth]*, Geburtsort (5) *[=place of birth]*, Familienstand (6) *[=marital status]*, Nationalität (7) *[=nationality]*, Rassenzugehörigkeit (8) *[=race]*, Konfession (9) *[=denomination]* und Gesundheit (10) *[=health]*. Jeder Verdacht auf Diskriminierung von Rassen, Religionen, Nationalitäten, Familien, Altersgruppen oder Behinderten soll vermieden werden.

 Wörterbuch

Lösungen und Tipps

- In manchen CV findet man Fotos. Angaben zum Familienstand (6) und zur Nationalität (7) können in *CV* erscheinen, in bestimmten Fällen auch Angaben zur Gesundheit (10); Angaben zur Rasse (8) und Konfession (9) dagegen nie.
- Die Angaben von Ort und Datum der Abfassung (11) sind überflüssig. Das Datum wird gelegentlich unten rechts unterhalb des Texts angegeben (z. B. *Issued May 10, 2004* – gedruckt am ...).
- Ungebräuchlich ist auch die Unterschrift (12) *[=signature]*.

2.2 Angaben zu Bewerbungsziel und Fähigkeiten

Die folgenden Punkte beziehen sich auf das Bewerbungsziel und auf Fähigkeiten. Welche sind Ihrer Meinung nach wichtig? Welche überflüssig? Was sind die englischen Entsprechungen für die folgenden Begriffe?

1 Ziel der Bewerbung
2 Zusammenfassung
3 Schlüsselwörter
4 Schulbildung
5 Berufsausbildung
6 Hochschulbildung
7 Notendurchschnitt
8 Berufserfahrung
9 besondere Fähigkeiten und Leistungen
10 Interessen
11 Referenzen
12 Zeugnisabschriften

Lösungen und Tipps

- Eine Angabe des Ziels der Bewerbung (1) *[=objective]* empfiehlt sich in den meisten Lebensläufen, in vielen auch eine Zusammenfassung der Fähigkeiten (2) *[=summary]*.
- Je mehr Schlüsselwörter (3) *[=keywords]*, umso besser. Der Computer sichtet Lebensläufe nach Schlüsselwörtern.
- Einzelheiten aus der höheren Schulbildung (4) *[=secondary school education]* werden nur dann vermerkt, wenn sie für die erstrebte Stelle relevant sind. Angaben zur Grundschule sind Platzverschwendung.
- Angaben zur Berufsausbildung (5) *[=vocational training]* dürfen nicht fehlen.

- Die Hochschulbildung (6) *[=university education]* ist für den/die Leser/in dann interessant, wenn noch wenig Berufserfahrung vorliegt. Anderenfalls genügt die Angabe des Hochschulabschlusses. Geben Sie nur einen sehr guten Notendurchschnitt (7) *[=gradepoint average (GPA)]* an.
- Der Abschnitt Berufserfahrung (8) *[=experience* oder *work experience]* gehört zu den wichtigsten in jedem Lebenslauf.
- Leistungen, Auszeichnungen und besondere Fähigkeiten (9) *[=accomplishments, awards, special abilities]* sind ohne falsche Bescheidenheit hervorzuheben.
- Die Angabe von Interessen (10) *[=interests]* ist dann wichtig, wenn sie für die erstrebte Stelle relevant sind und Führungs- und Teamfähigkeit oder das soziale Engagement des Bewerbers erkennen lassen.
- Referenzen (11) *[=references]* und Zeugnisabschriften (12) *[=transcripts (of academic records)]* werden nach Bedarf nachgereicht, wenn man in die engere Wahl kommt.

Angenommen, Sie bewerben sich bei einer international tätigen Firma oder in einem anderen englischsprachigen Land. Dann wird man sicher sowohl die britische als auch die amerikanische Form des Lebenslaufes akzeptieren. Das *resume* scheint sich auf dem Weltarbeitsmarkt jedoch durchzusetzen. Daher empfehlen wir bei globalen Bewerbungen das *resume*, in das Sie aber, wenn es zweckdienlich erscheint, Besonderheiten des CV wie Foto (kein Automatenfoto!), Geburtsdatum, oder Nationalität aufnehmen können. Auch Ihr Familienstand, das heißt Ihre Mobilität, dürfte den Global Player interessieren und nicht zuletzt Ihre Gesundheit. Wir nennen einen solchen Lebenslauf The International Job Application Resume.

Es gibt eine Vielzahl von Möglichkeiten, einen Lebenslauf darzustellen. Welche davon den größten Erfolg verspricht, hängt von Ihrem Werdegang und der angebotenen Stelle ab. Entscheiden Sie also von Fall zu Fall, welche der beiden folgenden Arten oder welche Variante davon Ihre Bewerbung im günstigsten Licht erscheinen lässt.

I.3 Lebenslaufvarianten

Dies ist die gebräuchlichste Form. Darin werden Arbeits- und Ausbildungszeiten so aufgelistet, dass die letzten zuerst genannt werden. Schritt für Schritt führt der Weg in die Vergangenheit zurück. Dies ist in *resumes* üblich und auch in britischen CVs weit verbreitet. In den

Standard reversechronological resume

letzteren wird die Arbeitsgeschichte in zeitlich umgekehrter, die Ausbildung manchmal dagegen in der richtigen Reihenfolge dargestellt. Ein solches *standard resume* empfiehlt sich dann, wenn es keine großen Lücken in Ihrer Karriere gibt und wenn Ihr Studienabschluss oder Ihre gegenwärtige Stelle als Sprungbrett zur angebotenen Position dient.

Functional resume

Dieses soll den/die Leser/in sofort auf Ihre Fähigkeiten aufmerksam machen. Sie werden in einer Zusammenfassung gleich nach dem Abschnitt Career Objective aufgelistet. Dabei stehen diejenigen Fähigkeiten, die für die Stelle relevant sind, am Anfang. Wichtige Stufen des Werdegangs und Ausbildungszeiten werden anschließend umgekehrt chronologisch nur kurz genannt. Ein solches *functional resume* eignet sich besonders dann, wenn Sie einen Karrierewechsel anstreben, oder wenn Ihre Karriere Lücken oder Sprünge aufweist. Andererseits kann es beim Leser gerade diesen Verdacht erregen. Eine besondere Art des *functional resume* ist das *targeted resume*. Es zielt Punkt für Punkt auf die Anforderungen einer Stelle.

Corel Library

Sonderformen

Das *chrono-functional resume* ist eine Mischform. Es betont Ihre Fähigkeiten, enthält aber dennoch einen knapp formulierten umgekehrt-chronologischen Werdegang. Achten Sie hier besonders auf eine klare Gliederung. Unter einem *academic curriculum vitae* versteht man eine mehrseitige, also ausführliche Darstellung der Karriere und der Leistungen eines Akademikers wie etwa eines Hochschullehrers,

Forschers, Arztes oder Juristen. Als *international curriculum vitae* bezeichnet man in der Regel den ausführlichen Lebenslauf eines Spitzenmanagers auf dem globalen Arbeitsmarkt.

Manche Firmen erwarten von den Bewerbern die Bearbeitung eines *application form*. Dies ist ein meist mehrseitiges Formular, in dem Fragen gestellt sind, auf die der/die Bewerber/in antwortet, Fragen nach persönlichen Daten, nach Fähigkeiten und Erfahrungen und nach der Motivation für die erstrebte Stelle.

Neben den traditionellen Formen von Lebensläufen gewinnen die verschiedenen Arten des *electronic resume* rasch an Bedeutung. Sie werden im Kapitel VI „Jobsuche und Bewerben mit dem Internet" behandelt.

- Gestalten Sie Ihr *resume* mit größter Sorgfalt
  Bei der heutigen Konkurrenz auf dem Arbeitsmarkt müssen Ihre Bewerbungsunterlagen tadellos sein. Ein Mangel an Sorgfalt gilt als Hinweis auf die Arbeitsweise des Kandidaten. Wählen Sie bestes Papier und verwenden Sie wenn möglich Laserdrucker. Achten Sie auf Rechtschreibung und Ausdruck. Versenden Sie Ihre Unterlagen in einer halb offenen Plastikhülle in einem großen, festen Umschlag, damit sie ungefaltet bleiben und unzerknittert ankommen.

- Geben Sie der Druckseite ein übersichtliches, ästhetisch ansprechendes Layout
  Sie sollte weder zu viel noch zu wenig Text enthalten und weder vollgestopft noch halb leer wirken. Etwa ein Viertel der Fläche – so die Faustregel – bleibt weiß. Die rechte Seite des Drucksatzes bleibt unbegradigt. Verwenden Sie möglichst nur eine Schrifttype, etwa Times Roman oder Arial. Nehmen Sie sich die Freiheit, das Druckbild im Rahmen des Üblichen zu variieren, wenn Sie glauben, dadurch die Informationen einprägsamer und ansprechender vermitteln zu können.

- Stimmen Sie Ihr *resume* auf die Anforderungen der Stelle ab
  Der Erfolg eines *resume* hängt nicht zuletzt davon ab, wie Sie diejenigen Ihrer Fähigkeiten herausstellen, auf die Ihr möglicher Arbeitgeber besonderen Wert legt. Je genauer Ihre Angaben mit den Anforderungen der Stelle übereinstimmen, umso größer sind Ihre Chancen. Beachten Sie jedes Wort der Ausschreibung. Sie müssen damit rechnen, dass viele Firmen *resumes* einscannen lassen, um nach Schlüsselwörtern zu suchen. Achten Sie also darauf, dass solche *keywords* im Text erscheinen und leicht lesbar sind.

I.4 Tipps zum traditionellen Lebenslauf

- Betonen Sie Ihre Leistungen

  Was Sie früher am Arbeitsplatz getan oder während Ihrer Ausbildung gelernt haben, dürfen Sie nicht so darstellen, als ob das nur Routine gewesen wäre. Betonen Sie positive, messbare Veränderungen, die Sie durch Ihre Leistungen erreichten. Geben Sie zum Beispiel an, wie Sie für Ihre Firma Zeit und Geld gespart haben. Seien Sie nicht zu bescheiden. Besonders amerikanische Personalchefs schätzen es durchaus, wenn Sie ein Werbeblatt für sich selbst gestalten können. Natürlich sollten Sie nie lügen.

  Vielleicht glauben Sie, keine besonderen Leistungen vorweisen zu können. Drücken Sie dennoch Verantwortlichkeiten und Aufgaben in Wendungen aus, die deutlich machen, dass Sie etwas zustande  gebracht haben. Wählen Sie dazu die passenden *action words*. Statt Allerweltstätigkeiten aufzuzählen wie *did office tasks*, sollten Sie spezielle Aufgaben in Worten hervorheben, die das Erreichen von Unternehmenszielen ausdrücken, z. B. *improved office efficiency/solved customer problems by .../reduced processing times for new orders by 25%*.

  action words

- Gestalten Sie das *resume* so, dass wichtige Aussagen ins Auge fallen

  Im Gegensatz zu manchem deutschen Lebenslauf ist ein *resume* so gestaltet, dass man auf die entscheidenden Aussagen sofort aufmerksam wird. Dies erreicht man durch folgende Verfahren:

  - Verknappung – Konzentrieren Sie sich auf das Wesentliche. Verwenden Sie Stichworte und verzichten Sie auf das Subjekt. Für eine Bewerbung um eine Praktikanten- oder Einstiegsstelle genügt in der Regel ein *resume* von einer Seite. Anspruchsvolle Stellen erfordern allerdings einen mehrseitigen Lebenslauf.

  - Anordnung – Die Information, die am Anfang einer Zeile, eines Abschnitts oder einer Liste steht, fällt leicht ins Auge. Wichtiges steht also am Anfang. Untergliedern Sie längere Abschnitte in Blöcke von maximal fünf bis sechs Zeilen.

  - Hervorhebung – Bedeutende Aussagen und Überschriften hebt man durch größere Typen und Großbuchstaben, durch Fettdruck oder Unterstreichen hervor, seltener durch Kursivdruck, da dieser sowohl von Personen als auch durch den Computer weniger leicht zu lesen ist. Beschränken Sie sich auf wenige Arten der Hervorhebung.

  - Hinweiszeichen – Kurze Listen von Aussagen lassen sich durch Hinweiszeichen am Zeilenanfang, so genannte *bullets*, „–“, „*“, „+“, „•“ markieren.

- Lesen Sie zum Schluss sorgfältig Korrektur

Verwenden Sie die Rechtschreibe-Überprüfungsfunktion Ihres Textverarbeitungsprogramms für amerikanisches bzw. britisches Englisch. (In Microsoft Word z. B. finden Sie die betreffende Funktion unter „Extras/Sprache/Sprache bestimmen".) Verlassen Sie sich aber nicht allein auf Ihr Programm. Bitten Sie Freunde, die gut Englisch können, um Korrektur.

Die folgenden Begriffe werden gewöhnlich großgeschrieben:
- Namen von Firmen, Abteilungen, Tagen, Monaten, Ländern, Städten und Sprachen,
- die ersten Wörter von Abschnitten, Sätzen und oft von gekennzeichneten Stichpunkten,
- Berufs- und Kursbezeichnungen und akademische Grade (alle Wörter, ausgenommen Artikel und Präpositionen mit weniger als sechs Buchstaben).

5.1 Fallbeispiel

Franziska Krüger hat gerade ihr Studium der Betriebswirtschaftslehre an der Fachhochschule Konstanz abgeschlossen. Nun möchte sie sich bei einer deutschen Firma um eine Einstiegsstelle in der Personalverwaltung oder in der Auslandsabteilung bewerben. Dafür hat sie einen deutschen Lebenslauf verfasst. Doch wäre eine Tätigkeit in der weiten Welt nicht viel verlockender? Qualifiziert dazu ist sie ohne Zweifel. Mutig ändert sie ihren Plan und versucht eine Initiativbewerbung um eine Stelle im nicht-amerikanischen Ausland.

Dazu braucht sie ein International Job Application Resume. Sicher sind Sie gern bereit, ihr zu helfen. Setzen Sie nun mit ihr zusammen Schritt für Schritt ihren Lebenslauf in diese Form um. Beachten Sie dabei, dass ein *resume* sich in allen wichtigen Punkten auf die Anforderungen der erstrebten Tätigkeit bezieht. Ein traditioneller deutscher Lebenslauf dagegen stellt eher die Person des Bewerbers vor, so dass für verschiedene Bewerbungen oft der gleiche Text verwendet wird. Freilich beobachtet man auch in deutschen Bewerbungen eine Angleichung an das *resume*.

Unbekannte englische Ausdrücke finden Sie im Bewerbungswörterbuch auf der CD-ROM. Prüfen Sie Ihre Arbeit an Hand der Lösungsvorschläge und der Erläuterungen. Wenn Sie fertig sind, werden Sie in der Lage sein, selbständig ein *resume* zu erstellen: Ihr eigenes.

I.5 Beispiel und Erläuterungen

 Wörterbuch

Lebenslauf

Zur Person

Name	Franziska Krüger
Anschrift	Blumenweg 8
	78462 Konstanz
Telefon	07531-420348
Fax	07531-420349
E-Mail	f.krueger@t-online.de
Geburtsdatum	22.5.1981
Geburtsort	Singen
Staatsangehörigkeit	deutsch
Familienstand	ledig

Ausbildung

09/1986 – 07/1999	Grundschule und Wessenberg Wirtschaftsgymnasium Konstanz
	Abschluss: Abitur
10/1999 – 07/2003	Fachhochschule Konstanz
	Studium der Betriebswirtschaftslehre, Schwerpunkt Personalwesen
	Abschluss: Diplom-Betriebswirtin (FH)
	Notendurchschnitt 1,3

Praktika

09/2000 – 02/2001	Bertelsmann, Berlin
	Praktikantin im Auslandsreferat
	Koordinierung/Betreuung der Auslandsentsendung von Personal
	Dokumentation der Auslandsaufenthalte
03/2002 – 08/2002	Bertelsmann, London
	Assistentin des Leiters internationaler Beziehungen
	Planung/Durchführung von interkulturellen Vorbereitungstrainings
	selbständige Organisation eines internationalen Symposiums für
	Verlagslektoren

Weitere Kenntnisse/Interessen/Aktivitäten

EDV-Kenntnisse	Dos, Win98/2000, SAP R/3, Excel, Word, PowerPoint
Fremdsprachen	Englisch/Französisch (fortgeschritten), Italienisch (Grundkenntnisse)
Aktivitäten/Hobbys	zwei Jahre Semestersprecherin, Mitglied von Amnesty International,
	Leiterin eines Tennisteams, Keyboard spielen in einer Band

Referenzen

Bertelsmann, Berlin	Dr. Karl-Heinz Schäfer, Personalleiter
FH Konstanz	Prof. Dr. Birgit Beck, Unternehmensführung

Konstanz, den 05.08.2003

5.2 Erläuterungen

Welche Unterschiede zu einem deutschen Lebenslauf fallen Ihnen auf?

Blumenweg 8[2]
D-78462 Constance[3]
Germany[4]

Tel.: ++49-7531-420348[5]
Fax: ++49-7531-420349
E-mail: f.krueger@t-online.de

 Lebenslauf

Franziska Krueger[1]

1. In einem *resume* erscheint der Name als Überschrift. Da die englische Sprache keine Umlaute kennt, setzt man sie wie bei E-Mail-Adressen in Grundvokal + e um: „ü" = ue. „ß" erscheint als ss.

2. Adresse und Kontaktinformationen dürfen nicht fehlen. Wie in einem Geschäftsbrief stehen sie hier ganz oben in der Mitte und rechts. Sie nehmen nicht viel Platz ein und sind dennoch gut zu erkennen. Die Fontgrößen 8 bis 10 sind ausreichend.

3. Es empfiehlt sich, von deutschen Städten die englische Schreibweise wie Munich [München], Nuremberg, Cologne [Köln], Hanover, Brunswick [Braunschweig], Vienna [Wien] zu verwenden, sonst bleiben sie möglicherweise im Ausland unerkannt.

4. Für alle diejenigen, die D für ein Zeichen für Dänemark halten, setzen Sie *Germany* unter die Adresse.

5. *Telephone* wird wie im Deutschen abgekürzt als *Tel.* Anstelle der beiden Nullen oder anderer Zeichen können Sie ++ setzen. Geben Sie bei Auslandsbewerbungen die internationale Vorwahl von Deutschland an: meistens „0049" oder „01149" in den USA.

Personal Details[1]

Date of birth	May 22, 1981[2]
Nationality	German[3]
Marital status	Single
Health	Excellent

1. Im Gegensatz zu amerikanischen *resumes* können International Job Application Resumes ein Foto oder andere persönliche Angaben enthalten. Setzen Sie ein Foto ein, wenn es Ihr professionelles Aussehen unterstreicht. Ihr Familienstand und Ihre ausgezeichnete Gesundheit wird den global tätigen Unternehmer interessieren, kaum jedoch Ihr Geburtsort. Entscheiden Sie von Fall zu Fall, was Sie aufnehmen.

2 Tag, Monat und Jahr in numerischen Datumsangaben werden durch Binde- oder Schrägstriche getrennt, aber niemals durch Punkte, also: *8-7-03* oder *8/7/03*. Die Angabe des Datums durch Zahlen allein kann allerdings zu Missverständnissen führen. *8-7* oder *8/7* z. B. lesen Amerikaner als *August 7*, Briten als *8 July*. Schreiben Sie daher den Monatsnamen am besten in Buchstaben. Bezeichnungen von Tagen wie *7.* (der siebte) erscheinen auch dann nie mit einem Punkt. Entweder es folgt gar kein Satzzeichen oder die Endungen –th, bzw. –st, –nd und -rd werden angefügt wie in den folgenden Beispielen: *1st, 2nd, 3rd, 4th … 21st, 22nd, 23rd, 24th … 31st*. Diese Datumsbezeichnungen stehen im britischen Englisch in der Regel vor dem Monatsnamen, z. B. *5th July 2003*, oder *5 July 2003*, gesprochen *the fifth of July*. Amerikaner schreiben dagegen meist *July 5, 2003*, gesprochen *July (the) fifth*. Gebrauchen Sie am besten diese einfachen Formen.

3 Alle Nationalitätenbezeichnungen schreibt man groß.

Bewerbungsziel

In einem International Job Application Resume folgt auf die persönlichen Angaben in der Regel das Bewerbungsziel. Der/Die Leser/in soll sofort erkennen, welche Stelle der/die Bewerber/in anstrebt. Wenn es sich um eine öffentlich ausgeschriebene Stelle handelt, nennt man einfach die in der Anzeige angegebene Bezeichnung.

Besonders wichtig ist die Nennung des Bewerbungsziels bei Initiativbewerbungen *(speculative applications)*. Sie informiert den potentiellen Arbeitgeber über den Wunsch des Bewerbers und gibt eine Orientierungshilfe für mögliche Aufgaben. Formulieren Sie bei Initiativbewerbungen Ihr Ziel weder zu allgemein noch zu spezifisch. Wenn die Angabe zu vage ist, dann weiß die Firma oder Institution nicht, welche Stelle sie Ihnen anbieten könnte. Ist sie zu präzise, dann ist die Wahrscheinlichkeit groß, dass ein Arbeitsplatz mit den gewünschten speziellen Merkmalen gerade nicht frei ist. Ähnliche Stellen, die Sie ebenfalls gerne annehmen würden, werden Ihnen dann vielleicht nicht angeboten. Franziska Krüger könnte Ihr Bewerbungsziel etwa so formulieren:

Objective	Entry-level position in the field of personnel management or international relations

Vor allem bei Initiativbewerbungen empfiehlt sich oft eine Zusammenfassung, also eine kurze Auflistung Ihrer Qualifikationen, Fähigkeiten und Eigenschaften in Form eines kurzen Abschnitts oder einer Liste gekennzeichneter, einscannbarer *keywords*. Diese vermitteln dem Leser sofort eine Vorstellung davon, für welche Stellen Sie qualifiziert sein könnten. Wie würden Sie für Franziska Krüger eine Zusammenfassung gestalten? Vielleicht so:

Summary
* University graduate/personnel management/best achievements
* Skilled in leadership, organization, negotiations
* Sociable, eloquent in English/French
* International and intercultural experience/ready to travel
* Independent yet also effective team player

 Wörterbuch

Ausbildung

Education[1]		
University of Applied Sciences	"Fachhochschule Konstanz"[2] Degree in Business Administration Focus: Personnel Management GPA: 3.7 (outstanding)[3]	10/1999 – 7/2003
Upper-track Business Secondary School[4]	"Wessenberg Wirtschaftsgymnasium", Constance	9/1990 – 7/1999[5]

1 Franziska Krüger hat gerade ihr Studium abgeschlossen. Ihre berufliche Tätigkeit beschränkt sich auf Praktika. Deshalb sollte in ihrem Fall der Abschnitt „Education" vor „Work Experience" stehen. Was man darin aufnimmt, ist abhängig von der Berufserfahrung. Je mehr Berufserfahrung – so die Faustregel – desto weniger Angaben zur Ausbildung. Was Frau Krüger in ihren Praktika geleistet hat, verdient Anerkennung und wird den/die Leser/in mehr interessieren als die Kurse. Der Abschnitt „Education" ist daher kurz gefasst. Der Studienschwerpunkt ist stellenrelevant und darf nicht fehlen, ebenso wenig die sehr gute Durchschnittsnote. Ein Eintrag über das Hochschulstudium sollte die folgenden Informationen enthalten:

- Art und Ort der Hochschule
- Studienzeiten, wenn es sich um ein Vollzeitstudium handelt, oder Abschlussdatum im Falle eines Teilzeitstudiums
- Studienfach und stellenrelevante Spezialgebiete
- erworbener oder erstrebter akademischer Grad.

2 Deutsche Bezeichnungen im englischen Text stehen in hochgestellten Anführungszeichen.

3 Geben Sie nur sehr gute Noten an. In den USA gilt ein „umgekehrtes Notensystem": *4.0* oder *A = outstanding* [sehr gut], *3.0* oder *B = good* [gut/befriedigend], *2.0* oder *C = satisfactory* [befriedigend/ausreichend], *1.0* oder *D = poor/failing* [mangelhaft], *0.0* oder *F = failure* [ungenügend]. Vor Dezimalstellen steht ein Punkt, z. B. *3.5* statt 3,5. Sollten Sie bei der Übertragung des deutschen Notendurchschnitts unsicher sein, dann geben Sie statt Ziffern oder Buchstaben das Prädikat an.

4 *Resumes* enthalten keine Angaben zur Grundschule. Auch Einträge zur höheren Schule sind nicht nötig, wenn Sie bereits einen Hochschulabschluss haben, es sei denn, deren Ausrichtung wäre für die angestrebte Stelle relevant. Dies kann z. B. bei einem wirtschaftlichen, naturwissenschaftlichen oder technischen Gymnasium der Fall sei.

5 Die Zeitangaben sollen nicht von Wichtigerem ablenken, deshalb stehen sie ganz rechts. Man könnte sie auch alle unter die Schul-/ Universitäts- bzw. Firmenbezeichnungen links setzen, wenn der Platz es erlaubt. Bei Datumsangaben entfällt vor Monat und Tag, aber nicht vor der Kurzform der Jahreszahl die Null, z. B. 9/8/03.

Berufserfahrung

Dieser Abschnitt ist in der Regel der wichtigste von allen und erfordert deshalb größte Sorgfalt. Selbst wenn Sie nur eine Lehre oder Praktika nachweisen können, wird Ihr potentieller Arbeitgeber sich sehr dafür interessieren. Falls Sie schon mehr als ein bis zwei Jahre beruflich tätig waren, steht die Rubrik „Work Experience" vor „Education".

 Wörterbuch

Experience in Personnel Management[1]		
Bertelsmann, London[2]	Assistant to the Director of International Relations	3/2002 – 8/2002
	Designed[3] and conducted three[4] intercultural preparation training sessions	
	Organized independently an international symposium	

22

Bertelsmann, Berlin	Intern in the Department of International Affairs	9/2000 – 2/2001
	Arranged trips for six journalists/editors Processed documentation for stays abroad	

1. Wir raten Frau Krüger, anstelle von „Work Experience" eine treffendere Überschrift zu wählen, etwa „Experience in Personnel Management". Hätte Sie längere Zeit für eine Firma gearbeitet, dann hätte sie den Abschnitt in zwei bis drei Teile mit eigenen Überschriften gegliedert.

2. Berücksichtigen Sie die folgenden Punkte in den Angaben zu allen Arbeitsstellen:
   - Dienstbezeichnung (Wenn die Stelle keine Bezeichnung hat, dann wählen Sie eine, die Ihre Tätigkeit in einem günstigen Licht erscheinen lässt.)
   - Name der Firma und des Standorts
   - Beschäftigungszeiten in der Reihenfolge Monat/Jahr ohne Angabe des Tages
   - Aufgabengebiete, besondere Pflichten und Leistungen

Corel Library

Die letztere und wichtigere Arbeits- oder Praktikantenstelle wird zuerst genannt. Die Aufgaben während der Praxissemester sind so beschrieben, dass man eine zunehmende Verantwortung erkennt: *Intern ... Assistant ... (Director) ...*
Links erscheint in der Regel die Stellenbezeichnung. In unserem Fall aber raten wir Franziska Krüger, den Namen der Firma an die erste Stelle zu setzen. Bertelsmann ist ein bekanntes internationales Unternehmen, dessen Ansehen auch auf sie ausstrahlt. Einmal gewählt wird sie die Reihenfolge: Name des Unternehmens, dann Bezeichnung der Stelle, beibehalten.

3. Wählen Sie zur Beschreibung Ihrer Tätigkeiten nicht schwerfällige Abstrakta wie *organization, coordination, responsibility* ... sondern *action words*, die ausdrücken, dass Sie Unternehmensziele erreicht haben, z. B.: *designed, organized, coordinated.*

 action words

4. Die Leser/innen interessieren quantifizierbare oder messbare Ergebnisse: *three ... sessions, ... six journalists/editors.*

Special Skills/Interests/Activities[1]	
Computer Skills	DOS, Win98/2000, SAP R/3, Excel, Word, PowerPoint
Languages	German (native speaker)[2], English/French (fluent), Italian (basic)
Activities, Hobbies[3]	Class representative at university, member of Amnesty International, Team Captain at Constance Tennis Club, keyboard player in a band[4]

1 Gliedern Sie nach Bedarf diesen Abschnitt in mehrere Teile.
2 Vergessen Sie nicht, hier auch *German* anzugeben. Alle Sprach-
   bezeichnungen werden großgeschrieben.
3 Vorsicht bei der Pluralbildung von *hobby*. Deutsch lautet der Plural
   „Hobbys", Englisch *hobbies*.
4 Freiwillige Tätigkeiten und Interessen können Facetten sein, die
   das Gesamtbild einer Persönlichkeit bereichern. Franziska Krüger
   gibt solche Aktivitäten an, die Führungseigenschaften, Teamfähigkeit und sozialen Einsatz erkennen lassen. Mit *reading, music and
   sports* allein kann ein Arbeitgeber wenig anfangen. Aber das Mitglied einer Musikgruppe, einen Trainer oder Mannschaftskapitän
   wird er vermutlich gern aufnehmen. Umstrittene oder halsbreche-
   rische Sportarten wie Boxen, Hanggleiten oder Klippenspringen
   sollten Sie lieber unerwähnt lassen.

Referenzen

Sie können Referenzen angeben, wenn Sie es für nützlich halten.
Fragen Sie die genannten Personen, ob sie bereit sind, über Sie
Auskunft zu geben. Sie müssen damit rechnen, dass man sie tatsächlich darum bittet. Als Referenten kommen etwa der gegenwärtige
oder ein früherer Arbeitgeber oder – falls Sie sich auf eine erste
Arbeitsstelle bewerben – auch Hochschullehrer in Frage. In der Regel
werden Referenzen erst dann wichtig, wenn Ihr *resume* Interesse
erweckt hat.
Es Ist Ihnen freigestellt, Ihren Lebenslauf abzuschließen mit

References	Available upon request

Das folgende Resume Franziska Krügers wird alle Firmen beein-
drucken.

Blumenweg 8   Tel.: ++49-7531-420348
D-78462 Constance   Fax: ++49-7531-420349
Germany   E-mail: f.krueger@t-online.de

Franziska Krueger

Personal Details

Date of birth   May 22, 1981
Nationality   German
Marital status   Single
Health   Excellent

Objective   Entry-level position in the field of personnel management or international relations

Summary
* University graduate/personnel management/best achievements
* Skilled in leadership, organization and negotiations
* Sociable, eloquent in English/French
* International and intercultural experience/ready to travel
* Independent yet also effective team player

Education

University of Applied Sciences   "Fachhochschule Konstanz"   10/1999 – 7/2003
Degree in Business Administration
Focus: Personnel Management
GPA: 3.7 (outstanding)

Upper-track Business Secondary School   "Wessenberg Wirtschaftsgymnasium", Constance   9/1990 – 7/1999

Experience in Personnel Management

Bertelsmann, London   Assistant to Director of International Relations   3/2002 – 8/2002
Designed and conducted three intercultural preparation training sessions
Organized independently an international symposium

Bertelsmann, Berlin   Intern in the Department of International Affairs   9/2000 – 2/2001
Arranged trips for six journalists/editors
Processed documentation for stays abroad

Special Skills/Interests/Activities

Computer Skills	DOS, Win98/2000, SAP R/3, Excel, Word, PowerPoint
Languages	German (native speaker), English/French (fluent), Italian (basic)
Activities, Hobbies	Class representative at university, member of Amnesty International, Team Captain at Constance Tennis Club, keyboard player in a band

References   Available upon request

Check yourself

II   Anschreiben

II Anschreiben

Das Anschreiben soll beim Leser Interesse für Ihre Bewerbung wecken. Es ist wahrscheinlich das zweite Schriftstück, das Sie für Ihre Bewerbung erstellen, aber das erste, das gelesen wird. Es vermittelt somit den oft entscheidenden ersten Eindruck.

Wie der traditionelle deutsche Lebenslauf hat auch das deutsche Anschreiben eine etwas andere Funktion als die entsprechenden amerikanischen und britischen Dokumente. Da der deutsche Lebenslauf in der Regel weniger spezifisch auf die erstrebte Stelle abgestimmt ist als das *resume*, fällt dem deutschen Anschreiben in stärkerem Maße die Aufgabe zu, auf die Anforderungen der Stelle einzugehen. Im englischsprachigen Bereich dagegen übernimmt das Anschreiben deutlich mehr die Funktion der Fokussierung auf zwei oder drei der wichtigsten im Lebenslauf aufgeführten Qualifikationen. Zwischen deutschen und englischen Anschreiben gibt es nicht nur inhaltliche, sondern auch formale Unterschiede, insbesondere im Briefkopf, der Betreffzeile und der Anredezeile. Beachten Sie dazu den Abschnitt II.5. Geringfügige Unterschiede erkennen wir auch zwischen britischen und amerikanischen Geschäftsbriefen, z. B. in der Anordnung und Hervorhebung der Betreffzeile (siehe II.4 & II.5.2).

Wie Sie Ihr Anschreiben bei International Job Applications formulieren, hängt vom Ziel Ihrer Bewerbung ab. Eine Bewerbung auf eine Stellenanzeige werden Sie etwas anders schreiben als eine Initiativbewerbung, eine Bewerbung um ein Praxissemester oder um einen Platz in einem Austauschprogramm (siehe II.3 & II.7). Formulierungshilfen finden Sie in II.5 und häufige Fehler sind in II.6 erklärt. In II.7 und mit den Mustern von Anschreiben und den Übungen auf der CD-ROM können Sie Ihre Kenntnisse überprüfen und vertiefen.

Sind die folgenden Aussagen über ein Anschreiben richtig oder nicht richtig?

1 Das Anschreiben ist nicht weniger wichtig als der Lebenslauf.
2 Es empfiehlt sich, für verschiedene Bewerbungen ein einheitliches Anschreiben zu verfassen.
3 Hauptzweck des Anschreibens ist es, auf den Lebenslauf hinzuweisen.
4 Das Anschreiben ist an die Person zu richten, die für die angebotene Stelle verantwortlich ist, auch wenn deren Name nicht in der Stellenanzeige erscheint.
5 Der Unternehmer erwartet im Anschreiben Informationen über seine Firma, die nicht in der Anzeige stehen.
6 Die meisten Angaben im Lebenslauf sind im Anschreiben in abgewandelter Form zu präsentieren.
7 Auf zwei oder drei der geforderten Schlüsselqualifikationen sollte man kurz eingehen.
8 Man darf nie erwähnen, dass man arbeitslos ist.
9 Bei Lebensläufen, die Lücken im Werdegang aufweisen, oder bei Bewerbungen anlässlich eines Berufswechsels bekommen Anschreiben zusätzliche Gewichtung.
10 Das Anschreiben sollte in der Regel etwa eine drei viertel Seite lang sein.

1 **Richtig:** Das Anschreiben vermittelt den ersten, oftmals entscheidenden Eindruck und erfordert die gleiche Sorgfalt wie der Lebenslauf. Ein schlecht gestaltetes Anschreiben mit mangelhafter Rechtschreibung und Fehlern in Grammatik, Ausdruck und Inhalt wird niemand veranlassen, weitere Zeit für Ihre Bewerbung zu investieren. Verwenden Sie gutes Papier, einen guten Drucker und bringen Sie nach dem Ausdruck keine Korrekturen mehr an. Achten Sie auf ein ansprechendes Layout; der Brief soll zum Lesen einladen.

2 **Nicht richtig:** Selbst für Bewerbungen um Einstiegsstellen, ja sogar um Praxissemester sind maßgeschneiderte Anschreiben unabdingbar. Dazu müssen Sie Informationen sammeln. Was Sie in der Anzeige finden, genügt nicht. Benutzen Sie das Internet, Bibliotheken, Firmenbroschüren und Jahresberichte, Kollegen und Vorgesetzte als Auskunftsquellen. Informieren Sie sich auch über Produkte und Angebote, Projekte und neue Entwicklungen, über Personalien und die Geschichte der Firma. Dies ist nicht zuletzt für

Lösungen und Tipps

Sie selbst wichtig, damit Sie beurteilen können, ob Sie für die Firma arbeiten möchten und ob Sie für die Stelle geeignet sind. Nur für mehrfach verschickte Initiativbewerbungen um relativ unbedeutende Arbeitsmöglichkeiten wie Sommerjobs sind standardisierte Anschreiben und Lebensläufe akzeptabel.

3 Nicht richtig: Hauptzweck des Anschreibens ist es, Interesse an Ihrer Bewerbung zu wecken. Natürlich schließt dies das Interesse an Ihrem Lebenslauf ein. Aber lediglich mit einem Hinweis darauf ist es in keiner Weise getan.

4 Richtig: Im englischen Sprachraum ist die Anrede mit Namen weiter verbreitet als in Deutschland. Achten Sie jedoch streng darauf, dass Namen (Rechtschreibung beachten!) und Titel korrekt sind. Rufen Sie an, wenn Sie auch nur geringste Zweifel haben.

5 Richtig: Zeigen Sie, dass Sie das Unternehmen kennen. Der/Die Leser/in wird beeindruckt sein. Machen Sie sich die Mühe, sich vor jeder Bewerbung über die betreffende Firma eingehend zu informieren, wie es in Punkt 2 erläutert wurde. Sie vergrößern damit nicht nur Ihre Chancen, in die engere Wahl zu kommen. Auch beim Vorstellungsgespräch wird Ihr Wissen einen guten Eindruck hinterlassen.

6 Nicht richtig: Das Anschreiben ist kein zweiter Lebenslauf. Wird es mit Angaben überfrachtet, verstellt es den Blick auf das Wesentliche.

7 Richtig: Heben Sie zwei oder drei stellenrelevante Schlüsselqualifikationen im Anschreiben hervor. Sie erregen damit die Aufmerksamkeit des Lesers, der nun sicher Ihren Lebenslauf mit Interesse studieren wird, um mehr über Sie zu erfahren.

8 Nicht richtig: Angesichts der heutigen Arbeitsmarktlage besteht kein Grund, sich wegen einer vorübergehenden Arbeitslosigkeit zu schämen. Wichtig ist es jedoch zu zeigen, dass diese Zeit zu Berufstraining, Weiterbildung oder freiwilliger Beschäftigung genutzt wurde.

9 Richtig: Sprechen Sie mögliche Probleme im Anschreiben an, statt sie unerwähnt zu lassen oder zu bagatellisieren. Erklären Sie zum Beispiel eine Lücke in Ihrem Werdegang, bevor der Leser sie selbst entdeckt. Unklug wäre es auch, eine Behinderung zu verschweigen. Versichern Sie beispielsweise, dass eine gewisse Krankheit oder eine Gehbehinderung Ihre Leistung am Arbeitsplatz bisher in keiner Weise eingeschränkt hat. Es wäre sicher zu Ihrem Nachteil, wenn man erst während des Interviews auf eine Behinderung aufmerksam würde.

10 Richtig: Der Brief muss so lang sein, dass darin alles Wesentliche ausgesagt werden kann, anderseits knapp und prägnant bleiben, damit er seine Wirkung nicht durch zu viele Details oder Nebensächlichkeiten einbüßt.

Nennen Sie zunächst die Quelle, in der Sie die Anzeige gefunden haben. Beschreiben Sie dann zwei oder drei Ihrer Qualifikationen, die der Arbeitgeber erwartet. Gehen Sie dabei vom Text der Anzeige aus. Versuchen Sie den/die Leser/in zu überzeugen, dass Sie für die Stelle qualifiziert, ja, bestens geeignet sind und durch Ihre Fähigkeiten und Erfahrungen zum Erfolg des Unternehmens beitragen können. An-

II.3 Anschreiben für unterschiedliche Bewerbungen

Bewerbungen auf Stellenanzeigen

genommen, Sie streben eine Laufbahnänderung an oder Sie haben Lücken in Ihrer Ausbildung und beruflichen Karriere. Dann bietet Ihnen das Anschreiben die Gelegenheit zu erklären, warum Sie trotzdem für die Stelle qualifiziert sind. Beispiele finden Sie unter II.4 und II.7.1 unten.

Corel Library

Eine solche Bewerbung richtet sich an Arbeitgeber, die keine freien Stellen ausgeschrieben haben. Sie können sich also nicht auf eine bestimmte Stelle beziehen. In diesem Fall ist es besonders wichtig, sich gründlich über die angeschriebene Firma zu informieren, möglichst auch über diejenige Person, die für Einstellungen zuständig ist (z. B. der Human Resources Director oder Accounting Manager). Adressieren Sie Ihre Bewerbung an diese Person.

Initiativbewerbungen

Ob man in einem solchen Anschreiben den Namen der Person nennen sollte, die auf Arbeitsmöglichkeiten hingewiesen hat, ist umstritten. Einerseits wird vorgeschlagen, den Informanten zu nennen, wenn dieser dem Adressaten gut bekannt ist und in hohem Ansehen steht. Anderseits könnte die Erwähnung einer geachteten Person zu überhöhten Erwartungen führen oder gar den Eindruck erwecken, man erhoffe sich eine Bevorzugung, weil man Beziehungen hat. Es mag von den Umständen abhängen, ob es sich empfiehlt, eine Kontaktperson anzugeben. Wenn Sie sich aber dazu entschließen, müssen Sie vorher sein Einverständnis einholen. Dann könnten Sie Ihr Anschreiben etwa wie folgt beginnen:

> – I am writing at the suggestion of Nick Logo, your Assistant Accountant, who believes you may have need in your company for someone with my professional experience.
> – Your business acquaintance from Motorola, Susan Wong, has urged me to contact you because she believes you may be looking for a well-qualified Junior Accountant.

Ein Beispiel eines Anschreibens einer Initiativbewerbung finden Sie in II.7.2 „Initiativbewerbung" unten.

Bewerbungen um Betriebspraktika und Praxissemester

- Erwähnen Sie die Kontaktperson. Bei Bewerbungen um Praktika können Sie ohne Bedenken Kontaktpersonen wie Professoren oder Studienkollegen angeben. Dies dürfte sogar zu Ihrem Vorteil sein. Beginnen Sie etwa so:

> At the recommendation of Ralf Schoen, a fellow student of the University of Applied Sciences – Karlsruhe, Germany, who served an internship with you last year, I am seeking a six-month internship with your company in the field of Precision Engineering.

- Erklären Sie Ihre Absichten. Fragen Sie nach der Möglichkeit, bei der Firma/Institution in einem oder mehreren von Ihnen vorgeschlagenen Bereichen ein halbes Jahr zu arbeiten. Geben Sie genaue Zeiten an. Erklären Sie kurz, dass Sie eine deutsche Fachhochschule besuchen und dass es in Ihrem Studiengang vorgeschrieben ist, ein sechsmonatiges Praktikum in der Industrie zu absolvieren. Erwarten Sie nicht, dass ausländische Arbeitgeber mit deutschen Fachhochschulen und Praxissemestern vertraut sind.
- Leisten Sie Überzeugungsarbeit. Geben Sie Gründe an, warum der Unternehmer Sie für eine so kurze Zeit einstellen sollte. Verfassen Sie also das Anschreiben mit den Bedürfnissen des Arbeitgebers im Hinterkopf. Wenn Sie schreiben, dass Sie *the American way of life* kennen lernen und Ihr Englisch verbessern möchten, dann mag das der DAAD noch akzeptieren. Ein Unternehmer dagegen könnte befürchten, dass er Ihnen einen Studien- oder Ferienaufenthalt finanzieren soll. Würden Sie als Unternehmer jemanden gern in seine Englisch sprechende Belegschaft aufnehmen, der als Grund

der Bewerbung seinen Mangel an Englischkenntnissen angibt? – Überzeugen Sie lieber den Arbeitgeber, dass Sie für seinen Betrieb nützliche Arbeit verrichten können. Ein Musterbrief für eine Praxissemesterstelle finden Sie in II.7.3 „Betriebspraktikum/Praxissemester" unten.

Anders als in Bewerbungen für Arbeitsstellen oder Praktika können Sie in Bewerbungen um Austauschplätze durchaus Gründe angeben, warum das Programm Sie in Ihrer persönlichen und beruflichen Entwicklung fördern würde. Schreiben Sie aber nicht nur, dass Sie Ihre Sprachkenntnisse vervollkommnen und Ihren Horizont erweitern möchten. Betonen Sie vielmehr, dass Sie Kenntnisse und Fähigkeiten auf ganz bestimmten Gebieten zu erwerben hoffen und dass Sie dazu in Deutschland nicht die Gelegenheit haben. Der Abschnitt II.7.4 „Austauschprogramm" unten gibt ein Beispiel.

Bewerbungen für Austauschprogramme

University of Regina heating and cooling plant, Saskatchewan, Canada

Corel Library

Ihre Adresse
Ihre Telefon-/Faxnummer
Ihre E-Mail Adresse

Datum: Monat Tag, Jahr

Adressat
Titel/Funktion
Firmenname
Firmenadresse

Application for the position of [Stellenbezeichnung] as advertised in [Quelle in Kursivschrift] on [Datum]

Dear Mr./Ms. __:

[Nennen Sie Ihre gegenwärtige berufliche Tätigkeit oder gegebenenfalls Ihr Studienfach, Ihre Hochschule und den Termin Ihres Studienabschlusses. Begründen Sie dann Ihr Interesse an der Firma und der angebotenen Stelle.]

[Beschreiben Sie zwei oder drei Ihrer Schlüsselqualifikationen. Gliedern Sie falls notwendig diesen Mittelteil in Abschnitte]

I will be available from [Datum].

I would appreciate the opportunity to meet with you personally or discuss with you on the phone how I can contribute to the success of [Firmenname]. I will call you by the end of next week to arrange for a possible meeting or phone conversation at a time convenient for you.

Please feel free to contact me if you should need any additional information. Thank you for your interest in my application. I am looking forward to hearing from you soon.

Sincerely,
Ihre Unterschrift
Ihr voller Name gedruckt

Encl. resume

Ihre Adresse
Ihre Telefon-/Faxnummer
Ihre E-Mail Adresse

Datum: Tag Monat Jahr

Adressat
Titel/Funktion
Firmenname
Firmenadresse

Dear Mr/Ms _____,

Application for the position of [Stellenbezeichnung] as advertised in [Quelle in Kursivschrift] on [Datum]

[Brieftext wie bei Model Cover Letter US oben.]

Yours sincerely,
Ihre Unterschrift
Ihr voller Name gedruckt

Encl CV

5.1 Briefkopf

- **Anordnung:** Im Cover Letter US (II.4) befindet sich die Absender-adresse rechts oben. Auch Blockstil ist gebräuchlich, bei dem alle Teile des Briefes linksbündig stehen. Weitere englische und amerikanische Varianten sind die Positionen vom Namen des Absenders oben in der Mitte und am Ende des Briefes nach der Unterschrift.
- **Absendername:** Im Allgemeinen wird im englischen Sprachraum im Briefkopf eines Geschäftsbriefes der Name des Absenders nicht über der Adresse aufgeführt. Der Absendername erscheint gedruckt unterhalb der Unterschrift. Bei Anschreiben für internationale Bewerbungen kann man allerdings eine Ausnahme machen. Falls Sie Ihre Anschrift in der Mitte des Briefkopfes anordnen, gehört Ihr Name auf jeden Fall dazu. Der Nachname steht immer nach dem bzw. den Vornamen.
- **Ortsangabe:** Wenn Sie in Ihrer Anschrift Wohnort und Land in einer Zeile unterbringen möchten, verwenden Sie keinen Schrägstrich, um diese zu trennen, sondern ein Komma, also nicht *Bremen/Germany* sondern *Bremen, Germany*.

II.5 Aufbau und Formulierungen Absender

 Anschreiben

Datumszeile	• Anordnung: Das Datum steht im Abstand von einer Zeile unter der Absenderangabe. Bei rechts oder mittig gesetzter Absenderangabe befindet sich das Datum auf der rechten Seite des Blattes, bei Blockstil links.	

• Anordnung: Das Datum steht im Abstand von einer Zeile unter der Absenderangabe. Bei rechts oder mittig gesetzter Absenderangabe befindet sich das Datum auf der rechten Seite des Blattes, bei Blockstil links.

• Keine Ortsangabe: Im Gegensatz zu deutschen Geschäftsbriefen steht vor dem Datum keine Ortsbezeichnung.

• Striche statt Punkte: Statt Punkte hinter den Zahlen (wie in 9.12.03) werden besonders im Amerikanischen häufig Schrägstriche oder Gedankenstriche verwendet (9/12/03 bzw. 9-12-03), aber nur dann, wenn auch der Monat in Zahlenform erscheint.

• Reihenfolge der Angaben: Britische und amerikanische Datumsangaben unterscheiden sich in der Abfolge der Tages- und Monatsangaben.

• Empfohlene Schreibweise: Wenn Sie den Monatsnamen ausschreiben, also entweder *3 December 1998* (die in Großbritannien bevorzugte Reihenfolge) oder *December 3, 1998* (wie man in den USA zumeist schreibt), gehen Sie sicher. – In den USA wird die Schreibart *3rd/(Third of) December 1998/(Nineteen Hundred and Ninety-Eight)* meist nur auf wichtigen Dokumenten verwendet. (Als Beispiele siehe „Übersetzungen von Diplomzeugnissen", CD-ROM.) – Schreiben Sie die Monatsnamen aus, da Abkürzungen informell wirken.
Siehe die Erklärungen im Abschnitt I.5.2, Fußnote 2, Seite 20.

Diplomzeugnisse

Empfänger

• Anordnung: Die Empfängeradresse steht immer auf der linken Seite im Abstand von einer Zeile unter dem Datum.
Die Anschrift erscheint in folgender Form:

Empfängername (plus akademischer Titel)	Dr. Gwen Roberts	Sheila Steinberg, PhD
Position oder Abteilung	Human Resources Officer	Personnel Manager
Firma oder Institution	Pristine Manufacturing	Parker Printing
Hausnummer und Straßenname	2436 Hershey St.	365 Abbey Rd
Stadt, (US Bundesstaat) und Postleitzahl	Los Angeles, CA 90065	London EC4P 6AH
Land	USA	Great Britain

- Mr./Ms.: In amerikanischen Geschäftsbriefen sind *Mr.* und *Ms.* die **Anrede und Titel** Standardanreden. Auch in Großbritannien hat *Ms* die Anreden *Mrs* oder *Miss* inzwischen weitgehend verdrängt. Im britischen Englisch steht nach *Mr* und *Ms* kein Punkt. Beachten Sie die Aussprache von „Ms" (mɪz) mit stimmhafter Endung im Gegensatz zu „Miss" (mɪs), kurz mit stimmloser Endung.
- Titel: Professoren- oder Doktortitel werden statt (!) *Mr.* oder *Ms.* verwendet *(Prof. Karen Watson, Dr. Rupert Bear)*. Amerikanische und englische Doktortitel werden in ihrer Alternativschreibweise *Ph.D./PhD* (US/GB) hinter den Namen gestellt und von diesem durch ein Komma abgetrennt *(Rupert Bear, Ph.D.)*.

5.2 Betreffzeile
- Anordnung: In amerikanischen Geschäftsbriefen erscheint die Betreffzeile linksbündig oder zentriert zwischen der Empfängeradresse und der Anrede *Dear* ... (siehe II.5.3 „Anredezeile" unten). Im Gegensatz dazu steht sie in britischen Geschäftsbriefen zwischen der Anrede und dem Beginn des Brieftexts (siehe II.5.4 „Bewerbungstext" unten). Die Abstände zu diesen Briefteilen betragen je zwei Zeilen. In britischen Briefen wird die Betreffzeile durch Fettdruck oder Unterstreichung hervorgehoben, in amerikanischen Briefen gewöhnlich nicht.
- Ohne Kennzeichen: Wie im modernen deutschen Geschäftsbrief erscheint in englischen Anschreiben die Betreffzeile meist ohne ein vorausgestelltes Kennzeichen wie *RE* oder *re* (für *in reference to*).
- Formulierung: Beachten Sie, dass die Stellenbezeichnung, z. B. *position of Public Relations Assistant*, groß geschrieben wird und dass der Artikel entfällt. Verwenden Sie zur Bezeichnung der Zeitung oder Quelle, in der die Stellenanzeige erschien, Kursivschrift oder Unterstreichung, keinesfalls aber Anführungszeichen. Vor dem Datum steht *on* (nicht *from*), also z. B. *on November 10*. Geben Sie in der Betreffzeile in Kurzform den Zweck Ihrer Bewerbung an:

> Application for the position of Public Relations Assistant as advertised in *The New York Times* on November 10

Wenn Sie sich nicht auf eine Stellenanzeige beziehen (also in einer Initiativbewerbung), könnte die Betreffzeile wie folgt lauten:

> Application for an entry-level position in Sales/Marketing

In einer Bewerbung um eine Praktikantenstelle können Sie wie folgt formulieren:

> Request for internship [US] / work/industrial placement [GB] position in Accounting

5.3 Anredezeile

- **Anordnung:** Die Anredezeile steht in der Regel linksbündig im Abstand von zwei Zeilen unter der Empfängeradresse (US) bzw. der Betreffzeile (GB).
- **Name und Titel:** Richten Sie Ihre Bewerbung wenn möglich an diejenige Person, die für den Auswahlprozess verantwortlich ist. Die korrekte Verwendung von Namen und Titel wird den/die Leser/in positiv für Sie einnehmen.
  Beginnen Sie mit *Dear Mr.* oder *Ms.* (GB *Mr* oder *Ms*). Darauf folgt der Nachname, also z. B. *Dear Ms. Hunt* oder *Dear Dr. Jones*. Gebrauchen Sie den Vornamen nur, wenn Sie die angeschriebene Person sehr gut kennen, aber nie zusammen mit dem Nachnamen.
- **Unpersönliche Anrede:** Wenn es Ihnen nicht gelungen ist, Namen und Titel zu erfahren, dann verwenden Sie als Anrede *Dear Sir or Madam, Dear Sir/Madam* oder auch *Dear Sirs and Madams, Dear Sirs/Madams*. Möglich, aber weniger üblich ist auch die Anrede *Ladies and Gentlemen*. Die Formen *Dear Madam or Sir* etc. haben sich noch nicht durchgesetzt. *Dear Sir, Dear Sirs* oder *Gentlemen* [US] könnten heute als diskriminierend empfunden werden. Eine Alternative zu den unpersönlichen Anredeformen ist *To Whom It May Concern*, aber dann ohne Satzzeichen.
- **Satzzeichen:** In amerikanischen Geschäftsbriefen steht am Ende der Anredezeile gewöhnlich ein Doppelpunkt, in britischen ein Komma. (In Privatbriefen setzen auch die Amerikaner ein Komma.) Sowohl im amerikanischen als auch im britischen Englisch ist es möglich, hier die Satzzeichen wegzulassen. Dann steht auch am Ende der Schlussformel kein Satzzeichen (so genannter *open style*). Endet die Anredezeile dagegen mit einem Satzzeichen, egal welche, so setzt man am Ende der Schlussformel ein Komma (z. B. *Yours sincerely,*).

5.4 Bewerbungstext

- Anordnung: In britischen Geschäftsbriefen beginnt der Bewerbungstext im Abstand von zwei Zeilen unter der Betreffzeile, in amerikanischen nach einer Leerzeile unter der Anrede.
- Form: Der Bewerbungstext besteht in der Regel aus drei Teilen: der Einleitung, dem Haupt- und dem Schlussteil. Die Abschnitte sind meist ohne Einrücken linksbündig mit Flatterrand rechts und durch je eine Leerzeile voneinander getrennt.

Nach der Anrede wird anders als im Deutschen das erste Wort des Brieftextes immer groß geschrieben:

Einleitung

Dear Mr. Smith:

In reply to your advertisement for the position of ...

Bewerbungen um Praktikantenstellen sind zum großen Teil Initiativbewerbungen. Der Arbeitgeber wird kaum jemals Praktikantenstellen ausschreiben. Wenn aber Anfragen eingehen, wird er sie vermutlich wohlwollend prüfen, da er sich seiner Verpflichtung bewusst sein dürfte, die Ausbildung von Nachwuchskräften zu fördern. Natürlich wird er sich bei Auswahlmöglichkeiten für die Kandidat/inn/en entscheiden, deren Bewerbungen den besten Eindruck machen. Sorgfalt gebietet sich also auch hier. Bemühungen um Praktika sind die Vorübungen für die entscheidenden Bewerbungen im Berufsleben.

für Initiativbewerbungen

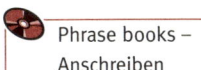 Phrase books – Anschreiben

- I am writing to inquire whether you can offer me, a third-year university student in Print and Media Technology, a six-month internship position from this coming September till February of next year.
- I am looking for an internship position in your company for six months from February to August of next year.
- I would appreciate the opportunity to work in your company as a trainee in the field of solar-panel technology from March till October of next year.
- I am writing to inquire whether you have an entry-level opening in your production department for a graduate of Mechanical Engineering with specialization in Operation and Production Technology.

- I would be grateful if you could inform me whether you have an entry-level opening for a graduate of Communications Electronics with specialization in optical fibers.
- I would like to apply for an entry-level position in your company in the field of Hydraulics Engineering.
- As I will graduate with a degree in Business Administration from The University of Applied Sciences – Constance, Germany, next July, I am looking for an entry-level position in the area of Finance with a dynamically growing company such as *[Name der Firma]*.

In Bezug auf eine Stellenannonce

Haben Sie auf eine Betreffzeile verzichtet, dann nennen Sie als Erstes den Zweck Ihres Briefes und verweisen gegebenenfalls auf die Stellenanzeige:

- I am writing in reply to your advertisement in *Die Welt* on March 2 for an Architectural Designer. I would very much like to be considered for this vacancy.
- In reply to your advertisement in yesterday's issue of DIE ZEIT, I wish to apply for the position of Marketing Assistant.
- My interest in your offered position in Construction Materials Research as advertised in *The Los Angeles Times* on July 18 has prompted me to submit my application for your consideration.
- With great interest I read your Internet ad at the website of *Oracle* on Sept. 17 for a Software Trainer in Seattle. This interest along with my strong qualifications have prompted me to send you this letter of application.
- I noticed your current opening for a training position in office management at *CareerBuilder.com*. I would be very interested in joining this training program.
- I wish to be considered as an applicant for the position of Production Line Supervising Assistant as currently advertised in *Monsterboard*.
- Please consider me as a candidate for the position of Road Construction Technician as advertised in the May issue of *Highway Construction and Maintenance*.

In Bezug auf eine Empfehlung

- Your company has been recommended to me by Andrea Schwarz, who served an internship with you last year.

- Prof. Simon Grünewald, our department director of internships, has informed me that your company has a vacancy for the position of Homepage Designer.
- Your business acquaintance from Motorola, Susan Wong, has urged me to contact you because she believes you may be looking for a well-qualified Junior Accountant.
- Christian Walther, your business consultant, has told me that your company wishes to fill the position of Purchasing Assistant in the Procurement Department.
- I am writing at the suggestion of Norbert Drecker, your Assistant Accountant, who believes you may require someone with my educational background in Precision Engineering.

Anders lautet der Anfang Ihres Textes, wenn Sie eine Betreffzeile gewählt und sich dort bereits auf die Stellenanzeige/Empfehlung bezo-
gen haben. In diesem Fall beginnt Ihr Text gleich mit einer kurzen
Darlegung Ihrer gegenwärtigen Position und Ihres Interesses an der
angebotenen Stelle wie in den folgenden Beispielen:

- As a current student of Mechanical Engineering I am very interested in applying for the position of Precision Tool Engineer that you offer because your company works in areas for which I have specialized training.
- As I will graduate with a degree in Business Administration from The University of Applied Sciences – Constance, Germany, next July, I am looking for an entry-level position in the area of Finance with a dynamically growing company such as [Name der Firma].
- As a Civil Engineering student I have followed your plans to build a new domed sports arena in Paris with great interest. My fascination for light-material construction has prompted me to send you this letter of inquiry for a six-month internship with [Name der Firma] because I believe I can make a significant contribution to the success of the project.

Vermeiden Sie dabei zu allgemeine, platte Aussagen wie: *I would like
to work for Hewlett-Packard because I have always been interested
in computers.* Oder: *I would like to join Microsoft because it is the
greatest software producer in the world.* Man würde Sie kaum ernst
nehmen. Verwenden Sie stattdessen Ihre gesammelten Informationen
über die Firma, um Ihr Interesse glaubhaft zum Ausdruck zu bringen,
also z. B. auf ein interessantes neues Produkt der Firma oder auf
spezielle Elemente der Firmenpolitik abzuheben.

gegenwärtige
Situation

- I am presently studying Media Computer Science at the University of Applied Sciences – Berlin in my second year and, in accordance with our curriculum, I am seeking a six-month internship in industry from March to August of next year.
- As I will soon be graduating from a four-year academic program in Electrical Measurements and Instrumentation at the University of Applied Sciences – Berlin, I am currently seeking an entry-level-position opening in an internationally active company like yours.
- As I have recently graduated as a Civil Engineer from the University of Applied Sciences – Bielefeld, Germany, I would be very interested in launching my career in a globally operating construction company of your stature.

Hauptteil

Der Hauptteil enthält die entscheidenden inhaltlichen Aussagen. Sie müssen hier daher die wichtigste Überzeugungsarbeit leisten. Verwenden Sie also besondere Sorgfalt bei der Auswahl der Fakten und Formulierungen und schreiben Sie in leicht verständlichen, kurzen Sätzen. Beachten Sie dabei folgende Punkte.

- **Interesse wecken:** Den Unternehmer interessiert vor allem der Erfolg seiner Firma. Schreiben Sie also, was Sie dazu beitragen können. Stellen sie dar, was Sie anzubieten haben und nicht, was Sie von Ihrer Arbeit bei der Firma zu profitieren hoffen. Beschränken Sie sich dabei auf zwei bis drei Ihrer wichtigsten Fähigkeiten oder Leistungen, die der Arbeitgeber erwartet. Lenken Sie die Aufmerksamkeit des Lesers/der Leserin durch Kennzeichen am Zeilenanfang, so genannte *bullets,* auf diese Angaben.
- **Beispiele angeben:** Benutzen Sie wenn möglich kurze Beispiele, um Ihre bisherigen Leistungen für andere Arbeitgeber zu demonstrieren. Beschreiben Sie etwa, auf welche Weise Sie ihnen Kosten oder Zeit ersparen konnten und geben Sie dafür auch Zahlen- oder Prozentwerte an.
- **Probleme ansprechen:** Angenommen, Sie streben eine Laufbahnänderung an oder Ihre Ausbildung und Karriere weisen Lücken auf. Nutzen Sie das Anschreiben, um den Arbeitgeber zu überzeugen, dass Sie trotzdem für die Stelle qualifiziert sind. Entsprechendes gilt auch im Falle einer Behinderung.
- **Nie Negatives äußern:** Vermeiden Sie Angaben, die Sie, Ihren früheren oder gegenwärtigen Arbeitgeber in einem negativen Licht

erscheinen lassen. Dies könnte den Verdacht erregen, dass Sie selbst Ursache von Schwierigkeiten waren.

- **Arbeitszeit angeben:** Erklären Sie, ab welchem Zeitpunkt Sie die Arbeit für die Firma aufnehmen können und im Falle einer kurzzeitigen Beschäftigung wieder beenden würden.

Arbeitsbeschreibung

- For/During the past few/three years I have worked as a Foreman.
- I have assisted the Production Manager with the hiring of new personnel.
- I have served as Assistant Production Manager for one year.
- I have taken an active role in sales forecasting.
- I have gained extensive professional experience in dealing with personnel needs.
- Through my work as an Assistant Site Manager I have gained insight into construction site supervision.
- I have six months' experience in supervising work crews at construction-sites.
- My professional experience includes supervising a staff of three marketing specialists.
- I am/was responsible for the planning and execution of marketing campaigns.
- My responsibilities/duties include(d) the training of technical staff.

Wissen/Können

- I am well acquainted with the Microsoft Office Package.
- I have extensive knowledge of your product range.
- I enjoy developing new software for office applications.
- I have specialized in rationalizing production-line operations.
- My area of specialization concerns the rationalization of production-line operations.
- These skills will enable me to deal with customer needs effectively.
- My work/studies in the field of Computer Science have provided me the opportunity to develop strong skills in Information Technology.
- Besides speaking English fluently, I am a native speaker of German and have a reading knowledge of French.

Ihre Erfolge

- I improved/streamlined operation expenses/efficiency by 25%.
- I curbed/decreased/eliminated/reduced production time.
- I contributed to the reduction of overhead costs by 20%.
- In addition to these accomplishments, I have also earned awards in service to the community.
- I earned a promotion to Assistant Personnel Officer.

Hinweis auf beigelegtem Lebenslauf

- As my enclosed resume/CV indicates, I have an extensive amount of work experience.
- My enclosed resume/CV provides additional information about other duties I performed.

Schlussteil

- Angebot weiterer Informationen: Bieten Sie an, gern weitere Informationen wie Zeugnisse, Gutachten, Bescheinigungen oder Arbeitsproben zur Verfügung zu stellen.
- Bitte um Vorstellungsgespräch: Drücken Sie Ihre Bereitschaft zu einem Vorstellungs- oder Telefongespräch aus oder bitten Sie darum.
- Ankündigung einer Kontaktaufnahme: Teilen Sie dem Arbeitgeber mit, was Sie selbst zu tun gedenken. Schreiben Sie, ob Sie – insbesondere bei Initiativbewerbungen – auf einen Anruf oder eine schriftliche Antwort warten, oder ob Sie telefonischen Kontakt aufnehmen möchten.
- Höflicher Abschluss: Bedanken Sie sich für das Interesse des Lesers / der Leserin an Ihrer Bewerbung. Drücken Sie aus, dass Sie sich auf eine baldige Antwort freuen und gegebenenfalls, dass Sie eine schnelle Antwort benötigen.

Datum der Arbeitsaufnahme

- I will be available from the end of June / from the beginning of July.

Angebot weiterer Informationen

- Additional information is available on/upon request.
- Please let me know if you require any additional information.

- I would be very pleased to meet with you or talk on the phone to discuss how I can make a contribution to the success of [Name der Firma]/your company.
- I would welcome/like/appreciate the opportunity to talk with you about .../to meet with you to discuss my qualifications.
- You can reach me at [Kontaktinformation]
- I can be available for an interview at your convenience [=*wann es Ihnen passt*].
- I am available to discuss my qualifications with you at a time convenient to you.

Bitte um Vorstellungs-gespräch

- I will call you by the end of next week to discuss the possibility of meeting sometime soon.
- I will call you within a week to give you the opportunity to discuss my qualifications and acquire further information.

Ankündigung einer Kontaktaufnahme

Corel Library

Dank	– I appreciate your interest (in my application). – Thank you for your interest (in my application).
Schlussformeln	– I look / am looking forward to hearing from you soon. – I hope to hear from you soon.

Grußformeln und Unterschrift

- **Anordnung:** Die Grußformel erscheint üblicherweise in einem Abstand von zwei bis drei Zeilen unter dem Bewerbungstext in der gleichen Vertikallinie wie die Absenderangaben am Anfang, d. h. entweder rechts der Mitte oder bei Blockstil linksbündig. In einem weiteren Abstand von ca. drei Zeilen folgt dann Ihr Name in gedruckter Form. Unterschreiben Sie den Brief zwischen der Schlussformel und Ihrem gedruckten Namen.
- **Bei bekanntem Adressaten:** Enthält die Anrede einen (oder mehrere) Namen z. B. *Dear Ms(.) Miller*, so kann die Grußformel im britischen und amerikanischen Englisch *Yours sincerely* lauten. Im amerikanischen Englisch wird häufig nur *Sincerely* verwendet.
- **Bei unbekanntem Adressaten:** Ohne Namen in der Anrede (z. B. *Dear Sir or Madam*) lautet die Grußformel im britischen Englisch *Yours faithfully* – im amerikanischen sind auch *Yours sincerely* oder *Sincerely* üblich.

Anlagenzeile

- **Anordnung:** Diese letzte Zeile, die auf beigelegte Dokumente verweist, schließt gewöhnlich die Druckseite ab und steht linksbündig.
- **Englische Bezeichnung:** Die englische Bezeichnung für Anlagen lautet *Enclosures* und kann amerikanisch mit *Encs./Encls.*, britisch mit *Encs/Encls* abgekürzt werden. Haben Sie nur ein Dokument beigelegt, lautet diese Zeile *Enclosure* bzw. *Enc./Encl.* [US] oder *Enc/Encl* [GB].
- **Mit/Ohne Angabe(n):** Es ist nicht unbedingt nötig, im Einzelnen aufzuführen, welche Dokumente Sie beigelegt haben. Sie können sich also mit dem Wort *Enclosure(s)* oder seine Abkürzung begnügen. Nach *Enc./Encl.* folgt kein Doppelpunkt, also zum Beispiel *Enc. resume* [US] bzw. *Enc CV* [GB].

Achten Sie in Ihrem Anschreiben auf die folgenden richtigen Formulierungen.

II.6 Typische Fehlerquellen

6.1 Ausdrücke und Begriffe

- to apply to a company / to apply for a position
Lassen Sie sich nicht durch die deutschen Präpositionen „bei" und „um" in die Irre führen. Das Verb *apply* ist nicht reflexiv, d. h. es wird nicht von *myself* begleitet: *I applied to Hewlett-Packard for an internship.*

In Bezug auf Arbeitserfahrungen

- internship / work/industrial placement
„Praxissemester" heißt im amerikanischen Englisch *internship*, im britischen *work/industrial placement* oder *practical.* Für Praktikum im Allgemeinen sind auch *practical/industrial training* gebräuchlich.

Wörterbuch

- do/serve an apprenticeship/internship [US]/(work) placement [GB]
Make wird zusammen mit diesen Ausdrücken nicht verwendet. *Do* oder besser *serve* sind hier die richtigen Verben. *Absolve* [= jemanden von Sünden/Schuld freisprechen!] ist ein *false friend* des deutschen Wortes „absolvieren".
- job/position, post, etc.
Das Wort *job* hat im Englischen eine Vielzahl von Bedeutungen und wird in der Umgangssprache oft ungenau und missverständlich verwendet. Man beachte, dass die Bezeichnung *job* für eine Arbeitstelle eine negative Konnotation besitzt, d. h. man denkt dabei zumeist an eine Stelle mit niedrigem Status. Es empfiehlt sich also, wo immer möglich, statt *job* genauere und treffendere Wörter zu verwenden: „Stelle" = *position,* „gehobene Stelle" = *post*; „Arbeit" = *work*; „Tätigkeit" = *work, activity*; „Beruf" = *occupation,* (handwerklich) *trade* oder *vocation*; „Pflicht, Aufgabe, Verantwortungsbereich" = *duty(-ies), task(-s), responsibility(-ies).* Natürlich kann das Wort *job* nicht in allen Zusammenhängen ersetzt werden. Insbesondere erscheint *job* unveränderlich in stehenden Begriffen wie *job ad, job description, job offer, job security* oder *job-sharing.*
- experience/experiences
Experience (Singular) bedeutet im Englischen ein Mehr an Erfahrung als *experiences* (Plural). Wenn Sie also schreiben: *I have acquired a lot of practical experience* spricht dies für mehr Erfahrung als wenn Sie *experiences* verwenden. Der Plural *experiences* bezeichnet mehrere isolierte Erfahrungen, der Singular

hingegen einen längeren zusammenhängenden Prozess des Erfahrungserwerbs. Briten und Amerikaner „machen" *(make)* niemals „Erfahrungen", sondern „haben" sie: „Ich habe die Erfahrung gemacht, dass ..." heißt im Englischen demzufolge *I (have) had the experience that ...* „Erfahrungen sammeln" ist nicht mit *collect* zu übersetzen. Richtig ist *to acquire/to gain/to gather/ (to get)* a lot of experience.

- in industry
  Im Gegensatz zum Deutschen steht hier kein bestimmter Artikel: *Our university requires us to serve two internships in industry as part of our curriculum.* Achtung: Rechtschreibung mit *–y*!

- branch/sector of industry
  Während die deutsche Vokabel „Branche" unmissverständlich die Bedeutung von „Industriezweig" hat, bedeutet das englische Wort „branch" zunächst nur (Baum-)Ast bzw. Zweig. (Industrie-)Branche wird im Englischen mit „(branch of) industry" oder „sector (of industry)" aber nie allein mit „branch" (im Gegensatz zu „sector") wiedergegeben.

- alternative service
  Civil service [= öffentlicher Dienst/Beamtentum] ist eine häufige falsche Übersetzung für „Zivildienst/Ersatzdienst". Eine mögliche Übersetzung wäre *community service*, allerdings kann damit auch eine übliche Form der Strafe für geringfügigere Vergehen gemeint sein. Es könnte also missverstanden werden. Die richtige Übersetzung lautet *alternative service*. – Da sowohl in England als auch in den USA der Militärdienst freiwillig ist, ist das Konzept „Ersatzdienst" dort nicht allgemein bekannt.

In Bezug auf Ausbildung

- „Fachhochschule"/University of Applied Sciences
  Für die deutsche Fachhochschule gibt es im Angelsächsischen kein wirkliches Pendant. In Großbritannien gab es bis zu Beginn der neunziger Jahre ähnliche Institutionen, nämlich die *Polytechnics*. Diese wurden dann aber zu Universitäten aufgewertet. Der Begriff *Polytechnic* ist also im britischen Englisch veraltet und bezeichnete eine Institution, die keinen Hochschulstatus besaß. In den USA wird der Ausdruck *Polytechnic* kaum verwendet, für technisch orientierte Hochschulen wird zumeist der Begriff *Institute of Technology* gebraucht.
  Der deutsche Begriff „Fachhochschule" muss also umschrieben werden. Die offizielle Übersetzung ist *University of Applied*

Sciences. Beachten Sie das Plural *-s* bei *Sciences.* Der Name der Stadt, in der sich die Fachhochschule befindet, wird dabei gewöhnlich nach einem Bindestrich hinzugefügt: *The University of Applied Sciences – Bingen, Germany* (Fachhochschule Bingen), *the University of Applied Sciences – Stuttgart, Germany* (Fachhochschule für Technik Stuttgart). Die deutschen Bezeichnungen sollte man in Klammern oder Anführungszeichen hinzufügen, wenn der Begriff zu ersten Mal genannt wird.

In manchen Fällen mag es nützlich sein, die Institution Fachhochschule zusätzlich zu beschreiben. Eine solche Beschreibung könnte wie folgt lauten:

> A Fachhochschule is a unique type of German university that combines theoretical understanding with practical applications. The professors all have worked extensively in industry and keep pace with the latest technological developments, courses are practice oriented, and students are required to spend one or two semesters working in industry and they usually write their final research thesis for a company.

- Kolleg / college/university

„Kolleg" als Institution wird im Deutschen zumeist in Kombination mit einem weiteren Begriff wie „Ausländerstudienkolleg / Berufskolleg" etc. verwendet. In dieser Bedeutung hat das deutsche „Kolleg" weder in Großbritannien noch in den USA ein Äquivalent. Das Wort *college* erscheint in Großbritannien in einer Reihe von Bedeutungen. So gibt es hier z. B. *technical colleges,* die den Hochschulbereich zugerechnet werden, und *colleges* in Irland, die für die Ausbildung von Lehrern zuständig sind – *colleges* heißen auch die einzelnen Fakultäten an den britischen Traditionsuniversitäten. Mindestens ebenso missverständlich wäre die Übersetzung *college* für das deutsche „Kolleg" für Amerikaner. Hier bezeichnet *college* eine höhere Bildungsanstalt wie eine Universität, die nach der *High School* (≠ „Hochschule") besucht werden kann, und die BA- bzw. BS-Abschlüsse anbietet. Das deutsche „Kolleg" muss daher individuell übersetzt werden: „Berufskolleg" = *advanced level vocational secondary school* oder „Ausländerstudienkolleg" = *foreign student institute, institute for international students.*

- Studienabschluß / diploma/degree

Diploma bezeichnet die Urkunde, die Studierende nach erfolgreichem Studienabschluss erhalten – im Gegensatz zu *degree,* welches den Studiengang bzw. Studienabschluss bezeichnet. Im britischen Englisch kann *diploma* auch einen Titel bedeuten (z. B. *Diploma of Higher Education*). In den meisten Fällen ist *degree* die geeignete Übersetzung für das deutsche Diplom, z. B. in der Formulierung *I have earned a (university) degree in Business Administration at the University of Applied Sciences – Constance, Germany.*

- Studium / study/studies

„Studium" in der Bedeutung „Studiengang" wird nicht mit *study*, sondern mit *course of study* [GB] oder *academic program* [US] übersetzt. Wenn Sie jedoch von „mein Studium" sprechen, also ein Possessivpronomen hinzutritt, heißt dies im Englischen häufig *my studies* oder im Sinne von Studiengang *my course of study* oder *my academic program*.

- Semester / semester/term

Der Ausdruck *semester* bezeichnet wie im Deutschen ein akademisches Studienhalbjahr. *Term* hingegen bedeutet eine Vorlesungsperiode bei einer Dreiteilung des Studienjahrs, also Trimester. Anders als in Deutschland werden in Großbritannien und in den USA Dauer und Fortschritt des Studiums nach Studienjahren gemessen. Statt von einem Studenten / einer Studentin im vierten Semester spricht man von einem *second-year student* oder einem *student in his/her second year*. In den in USA verwendet man auch die Bezeichnungen *freshman, sophomore, junior* und *senior* für Studierende im ersten, zweiten, dritten bzw. vierten Studienjahr.

Corel Library

- resume/CV

  Diese Begriffe bezeichnen lediglich ein schriftliches Dokument einer Bewerbung, den so genannten Lebenslauf. Die Beschreibung eines Lebenslaufs (im Sinne von Werdegang), etwa im Rahmen eines Bewerbungsanschreibens oder eines Vorstellungsgespräches, ist dagegen nicht als *resume/CV*, sondern als *(educational and professional) background/experience* des Kandidaten/der Kandidatin zu bezeichnen. *Could you please briefly describe to me your (educational and professional) background.* In diesem Sinne ist auch beruflicher Werdegang mit *career path/background* zu übersetzen.

- want to/wish to/would like to

  Want to drückt einen starken, fordernden Willen aus. Unter Muttersprachlern wird es in Briefen, bei Bestellungen im Restaurant oder beim *small talk* oft als unhöflich empfunden. Gute Alternativen sind *wish to* und *would like to: I wish to/would like to serve a six-month internship in your company.*

- chance/opportunity/possibility

  Das Wort *chance* ist im Englischen mehrdeutig und wird häufig ungenau verwendet. *Opportunity* (Gelegenheit) oder *possibility* (Möglichkeit) sind als treffendere Ausdrücke vorzuziehen. *Chance* und *opportunity* können sowohl mit *of* als auch mit dem Infinitiv verwendet werden: *We had the opportunity of working abroad … to work abroad.* Nach *possibility* ist der Infinitiv nicht möglich: *Do you think there is a possibility of getting a placement in Australia?*

- to use/to employ/to utilize

  Use ist wegen seines breiten Bedeutungsspektrums oft wenig treffend. Aussagekräftigere Alternativen sind *employ* und *utilize: In this position I can employ/utilize my extensive computer skills.*

- attached/enclosed

  Attached bedeutet „angeheftet" und sollte nur verwendet werden, wenn ein Schriftstück (mit Ausnahme von E-Mails) tatsächlich mit einer Büro- oder Heftklammer angeheftet wurde. Das Wort für „beigefügt" ist *enclosed.*

- who/which/that

  Im Allgemeinen bezieht sich das Relativpronomen *who* auf Personen und *which* auf Sachen. Es gibt im Englischen allerdings graue Zonen, wenn man von Organisationen und Firmen spricht, z. B.: *It was IBM who revolutionized computer hardware.* In solchen Fällen wird eine Firma oder Organisation als handelnde Person betrachtet. In den meisten Fällen ist jedoch *which* oder *that* die angemessenere Wahl, z. B.: *The company that/which I like the best is Hewlett-Packard.*

- to discuss/discussion
Das Substantiv *discussion* kann mit der Präposition *about* verwendet werden, das Verb *discuss* jedoch nicht. Man sagt also: *We had a discussion about the topic.* Aber: *We discussed the topic.*

- on a team/ in a team
Die Amerikaner verwenden *on a team*. Für sie klingt das britische *in a team* falsch.

- on the Internet
Die Präposition „in" im deutschen Ausdruck „im Internet" wird im Englischen zu „on": „on the Internet".

- to be good at something
Achten Sie auf die Präposition. „gut/firm in …" heißt *good at* …
Das englische *firm* bedeutet „hart/entschlossen". „Sie ist firm im Englischen (in Wort und Schrift)" ist zu übersetzen mit *She is good at English (She can speak and write English well; She has a good command of spoken and written English).*

- pros and cons
Vorsicht: nicht „contras" = Konterrevolutionäre Bewegung in Nicaragua.

6.2 Zeichensetzung, Grammatik und Rechtschreibung

- keine Kommas vor that-clauses
Anders als im Deutschen werden im Englischen Nebensätze mit *that* nicht durch Komma abgetrennt: „Ich bin überzeugt, dass meine Kenntnisse über …" = *I am confident that my knowledge of* …

- Anführungszeichen (quotation marks)
Im Englischen werden vor und nach dem angeführten Text hochgestellte ("), niemals tiefgestellte („) Anführungszeichen verwendet. Vermeiden Sie also die deutschen oder französischen Formen („ " bzw. « »).

- Wichtige Bezeichnungen großschreiben
Bezeichnungen für Studiengänge, Fächer, Lehrveranstaltungen und Berufsbezeichnungen *(Architecture, Analysis, Calculus, Mechanical Engineer)* sollten Sie groß schreiben. Diese Bezeichnungen erhalten dadurch mehr Gewicht.

- Sprachen/Nationalitäten großschreiben

  Auch die Bezeichnungen von Sprachen *(English, German, Spanish)* sowie die daraus abgeleiteten Adjektive (die englische Sprache – *the English language*) haben große Anfangsbuchstaben.

- Kurzformen vermeiden

  In formellen Schreiben werden keine Kurzformen wie *it's, I'll, I'd* verwendet. Schreiben Sie diese Formen immer aus.

- It's ≠ its

  Achtung: *it's (= it is)* wird oft mit *its* (Possessivpronomen) verwechselt.*

- Zahlen bis zwölf ausschreiben

  Zahlen bis zwölf werden im Allgemeinen (mit Ausnahme von Maßangaben und Prozentzahlen – wie 10 cm und 8 %) ausgeschrieben *(one, seven, eleven)*. Ab 13 können Sie Ziffern verwenden.

- Achten Sie schließlich darauf, dass Ihnen nicht die folgenden Schreibfehler unterlaufen

  - *englisch* für *English*
  - *adress* für *address*
  - *assistent* für *assistant*
  - *college* für *colleague* [Kollege] – Studienkollege = *fellow student*
  - *choose* (present) für *chose* (past) (choose, chose, chosen)
  - *departement* für *department* [Fachbereich/Abteilung]
  - *industrie* für *industry*
  - *personal* [persönlich] für *personnel* [Personal-] Betonung!
  - *sincerly* für *sincerely*
  - *E-Mail* für *E-mail* (oder *e-mail*)
  - *accomodation* für *accommodation* [GB], -*s* [US]

- Korrekturlesen

  Korrigieren Sie Ihr Anschreiben sorgfältig. Sie können als ersten Schritt das englische Rechtschreibemodul Ihres Textverarbeitungsprogramms verwenden, aber verlassen Sie sich keinesfalls nur darauf! Bitten Sie jemanden um Durchsicht, der Englisch als Muttersprache spricht oder gute Englischkenntnisse besitzt. Ein fehlerhaftes Anschreiben kann Ihre Chance zunichte machen.

---

* Bei als „Deutsch" markierten Texten wird „its" durch „Autorenkorrektur" in „ist" verändert.

Charlottenburger Str. 44
D-13086 Berlin
(++49) 30-78891729
E-mail: marliespohl@tfh-berlin.de

September 21, 2003

Mr. Tim Weber
Human Recources Manager
Microsoft
St.-Paulus-Kirche-Str. 17
80053 München

Application for position of Software Trainer

Dear Mr. Weber:

With great interest I read your Internet ad at the website of Microsoft on Sept. 17 for a Software Trainer in Munich. As a current student of Computer Science soon to graduate from the University of Applied Sciences – Berlin I am especially pleased about this offered position. I have followed the developments in your company for several years, in particular because of your innovative approach to product development. This interest along with my strong qualifications have prompted me to send you this letter of application.

As you can see from my enclosed resume, I am currently working part-time for Cool Computers in Berlin, where I manage a staff of six, all of whom conduct customer training. As a computer enthusiast, I am very familiar with virtually all your programs, in particular the newest update of your Office Package, which I have just finished learning on my own initiative. Based on such experience, I well know how intimidated [eingeschüchtert] people less familiar with computers must feel when they encounter new programs. Therefore, I work very hard to make the staff I train sensitive to the customers' perspective in this situation.

I will be available from February of next year.

I would welcome the opportunity to meet with you in person or to discuss with you on the phone how I can contribute to the success of Microsoft.

Please feel free to contact me if you should need any additional information. I greatly appreciate your interest. I hope to hear from you soon.

Sincerely,

Marlies Pohl
Marlies Pohl

Enc. resume

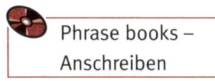

Phrase books –
Anschreiben

7.2 **Initiativbewerbung** *(cold cover letter)*

(nur Inhalt)

As I will be graduating in four months from the University of Applied Sciences – Cologne, Germany (Fachhochschule Köln) with a degree in Computer Science (Diplom-Informatiker FH), I am writing to inquire about opportunities for junior executives in JKL Computers. I have been impressed by your company's growth over the past decade and by your plans to expand into the Eastern European market, as described in your information pages on the Internet. These are my main qualifications:

- Extensive knowledge of numerous computer languages
- Substantial managerial, sales and sales-support experience
- Qualifications as a Certified Bank Clerk through a three-year apprenticeship at the Deutsche Bank in Frankfurt

As you will determine from my enclosed resume, I have conducted research work for Alu-Singen, Germany, to improve the company's information management.

I am confident that given the opportunity I can make an immediate contribution to JKL Computers. I would therefore appreciate meeting with you to discuss what opportunities you may have now or in the near future. I will call you at the beginning of next week to see if we can arrange an appointment.

If you require additional information please contact me. I greatly appreciate your interest. I hope to hear from you soon.

Ravellstr. 44
D-78187 Gutmadingen
(++49) 7704-8921
E-mail: peters@fh-konstanz.de

21 February 2003

Ms Tina Waver
Managing Director
Merchandising Wizards
753 Arch Corner
London W1H 6DN
England

Dear Ms Waver

Six-month Work Placement in Your Company from August 2003 to January 2004

I am presently studying Business Administration at The University of Applied Sciences – Constance, Germany (Fachhochschule Konstanz) at the end of my second year. This type of German University specialises in combining theoretical knowledge with practical experience. Therefore, students are required by the curriculum to work for two semesters in industry. During each of these semesters they are expected to write a research paper on a topic of benefit to the employer.

This is the reason I am seeking the opportunity to work for six months in Merchandising Wizards. With great interest I have followed the developments in your company, in particular because of your unique marketing approach for branding household appliances [Haushaltsgeräte]. In particular I have great interest in researching topics concerning Sales and Marketing but I am open to any suggestions you may have that could be of benefit to your company. I will not only have had two years of university training by the time the work placement begins, but I have already gained work experience at Siemens in Munich in an earlier six-month work placement. I therefore feel confident that I will be able to make a significant contribution to your company.

Naturally, you may wonder how much I will expect in salary. Generally salary is negotiable. I will basically only require enough to cover my living and travelling expenses for the London area. I would also be pleased if you could offer me assistance in finding accommodation in the vicinity.

Please feel free to contact me if you should need any additional information. In the first week of March I will contact you by phone to discuss briefly any questions you may have.

I greatly appreciate your interest and hope to hear from you soon.

Yours sincerely

Beatrix Peters

Beatrix Peters

Enc CV

7.4 Austauschprogramm

(nur Inhalt)

To Whom It May Concern

It has always been an intense desire of mine to go to America to study for one year. Realizing that the American university education system is very demanding, I have intensively prepared myself for such an opportunity. I have worked particularly hard on my English skills at university and have attended extra language courses on offer at The University of Applied Sciences – Constance, Germany, where I am studying Electrical Engineering in my second year.

In particular I wish to attend the California Institute of Technology in Pasadena because it can offer me opportunities of study and research that I cannot find here in Germany. It is not only one of the elite technological institutes in the country, its Electrical Engineering Department specializes in space technology and works closely with the Jet Propulsion Laboratory, one of the main research institutes in the American space program, also located in Pasadena. As I wish to pursue a career in the European space-research industry as an electrical engineering specialist, having studied for one year at CIT will greatly improve my chances to launch a career in this specialized field.

Moreover, since CIT is a small institution with under a thousand students, I will enjoy close contact with the professors and with fellow students. And although my primary aim is to take advantage of the unique program of courses that I can only find at CIT, I also look forward to experiencing campus life at an American institution and in an American metropolis like Los Angeles. I am sure that I will not only greatly improve my skills in Electrical Engineering and technical English, I will further develop my communication and intercultural skills. I am confident that total immersion [Eintauchen] for a year at CIT will result in decisive advancement for my career prospects and my personal development.

 Check yourself

III Vorstellungsgespräch und Assessment Center

III Vorstellungsgespräch und Assessment Center

Die Einstellung eines Bewerbers entscheidet sich in der Regel bei einem Vorstellungsgespräch oder einem Assessment Center. Je wichtiger eine Stelle für eine Firma ist, umso sorgfältiger und aufwändiger gestaltet sie wahrscheinlich das Auswahlverfahren. Bei Bewerbungen um Auslandspraktika kommt es selten zu einem persönlichen Interview. Das Praktikum ist von kurzer Dauer und daher für die Firma von geringer Bedeutung. Ohnehin erschweren die Entfernungen ein Treffen vor Arbeitsbeginn. Ein Interview per Telefon oder E-Mail ist aber durchaus möglich. Zu einer Auswahl eines Bewerbers um eine Einstiegsstelle gehört mindestens ein Einzelinterview, vielleicht sogar ein Gruppengespräch oder ein Assessment Center. Falls Sie sich um eine Führungsposition in einem internationalen Unternehmen bewerben, müssen Sie damit rechnen, zu einem englischsprachigen Assessment Center geladen zu werden.

Was sollten Sie beachten, damit ein Vorstellungsgespräch oder Assessment Center zum Erfolg führt? Dieses Kapitel gibt Ihnen Ratschläge.

© United Feature Syndicate, Inc./ kipkakomiks.de

III.2 Test yourself

Welche der folgenden Vorschläge oder Feststellungen halten Sie für richtig?

1 Da es nie zwei gleiche Vorstellungsgespräche oder Assessment Center gibt, können Sie sich nie gezielt auf ein bestimmtes vorbereiten.

2 Wenn Sie im Vorfeld Antworten auf mögliche Fragen ausarbeiten, wirken diese im Vorstellungsgespräch gestellt und nicht überzeugend.

3 Seien Sie bei einem Vorstellungsgespräch oder Assessment Center immer ganz ehrlich.

4 Beantworten Sie die meisten Fragen kurz.

5 Versuchen Sie den Interviewer dazu zu bringen, selbst viel zu sprechen.

6 Vermeiden Sie Selbstkritik.

7 Konzentrieren Sie sich auf die Formulierung Ihrer Antworten, und überlassen Sie alle Fragen dem Interviewer.

8 Erwähnen Sie keine anderen Arbeitsangebote.

9 Vermeiden Sie Fragen zu Gehalt, Urlaub und Vergünstigungen, bevor die Firma ein Angebot signalisiert hat.

10 Spannen Sie nach Beendigung des Vorstellungsgesprächs oder Assessment Centers ein paar Tage aus und warten Sie in Ruhe den Bescheid ab.

11 Assessment Center dienen zur Einschätzung von *soft skills*.

12 Eine Gruppendiskussion im Assessment Center ist ein Gespräch, in dem ein Moderator mit der Gruppe der Bewerber über ein vorgegebenes Thema diskutiert.

Lösungen und Tipps

1 Nicht richtig: Vorstellungsgespräche und Assessment Center unterscheiden sich zwar in zahlreichen Details, doch ähneln sie sich andererseits in vielerlei Hinsicht. Sie können mit einem gewissen Ablauf und mit bestimmten Standardfragen rechnen. Versetzen Sie sich in die Rolle der Interviewer. Es wird Ihnen dann nicht schwer fallen, viele Fragen zu antizipieren, wenn nicht im Wortlaut, so doch in Inhalt und Intention. Überlegen Sie sich also Fragen, die auf Ihren Werdegang und auf Ihre Schlüsselqualifikationen zielen, und formulieren Sie dazu Antworten. Diese sollten – illustriert durch kurze Beispiele – alles enthalten, was Sie mitteilen möchten.

2 Nicht ganz richtig: Ohne Zweifel wirkt freie Rede natürlicher und kommt besser an als offensichtlich auswendig Gelerntes. Dennoch sollten Sie Antworten zunächst ausformulieren. Bitten Sie dazu

einen Freund um Hilfe, der Englisch als Muttersprache spricht oder mindestens über gute Englischkenntnisse verfügt. Es empfiehlt sich aber, mit Stichworten zu üben.

3   Richtig, aber ...: Natürlich dürfen Sie keine falschen oder irreführenden Aussagen machen. Allerdings setzen manche Bewerber Ehrlichkeit mit der Preisgabe ihrer persönlichen Unzulänglichkeiten gleich. Dies wäre töricht. Kommen Sie nicht in Versuchung, in der Art einer Beichte alle Ihre Schwächen zur Sprache zu bringen. Von Unehrlichkeit kann auch dann nicht die Rede sein, wenn Sie Ihren Werdegang in ein gutes Licht stellen. Lenken Sie die Aufmerksamkeit Ihrer Gesprächspartner auf Ihre Fähigkeiten und Vorzüge und nicht auf vermeintliche Defizite.

4   Richtig: In Ihrer Nervosität fühlen Sie sich vielleicht gedrängt, unaufhörlich zu reden. Sie empfinden Pausen als unangenehm und sind versucht, diese mit belanglosen Informationen oder schlimmer noch mit Kostproben ihrer Unzulänglichkeiten zu füllen. Abschweifende Antworten besitzen keine Schlagkraft, besonders wenn damit wenig hilfreiche oder abträgliche Details zur Sprache kommen. Beenden Sie den Redefluss rechtzeitig. In der Regel genügen eine bis höchstens zwei Minuten pro Antwort.

5   Nicht ganz richtig: In einem Teil des Gesprächs wird der Interviewer die Firma und die angebotene Arbeitsstelle eingehend beschreiben und eine Zeit lang am Stück reden. Hören Sie dem Interviewer interessiert zu und unterbrechen Sie ihn nicht, außer um Fragen zum Thema zu stellen. Achten Sie aber darauf, dass Ihre Mission nicht in den Hintergrund gedrängt wird, die Präsentierung Ihrer Schlüsselqualifikationen. Im Idealfall erhalten beide Gesprächspartner gleichermaßen Gelegenheit, zu Wort zu kommen.

6   Richtig: Potentielle Arbeitgeber wollen nicht nur Ihre Stärken kennen lernen, sondern auch Ihre Schwächen. Sie schaffen oft eine vertrauliche Atmosphäre, die Sie dazu verleiten soll, ganz offen zu reden. Gehen Sie auf keinen Fall darauf ein, insbesondere nicht auf Fragen, die Sie einladen, Selbstkritik zu üben. Würde Ihnen etwa die Firma anvertrauen, dass sie sich in einer Phase der Personalflucht befindet, da eine Reihe von Abteilungsleitern eine unmögliche Personalpolitik betreibt? Wohl kaum. Es gibt also keinen Grund, es dem Gegenüber leichter zu machen. Bei Fragen, die auf Selbstkritik angelegt sind, zitieren Sie ein kleines Manko aus ferner Vergangenheit und schildern Sie, wie Sie aus Fehlern lernen und gestärkt daraus hervorgehen.

7   Nicht richtig: Natürlich ist es Ihr Hauptanliegen, den potentiellen Arbeitgeber von Ihren Schlüsselqualifikationen zu überzeugen. Ein zweites Anliegen besteht aber darin, sich ein Bild von der Firmenstruktur zu machen und zu erkennen, ob der angebotene Arbeitsplatz Ihren Karrierevorstellungen entspricht. Stellen Sie deshalb, wenn sich die Gelegenheit bietet, Fragen zur Firma und zur Arbeitsstelle.

8   Richtig: In den meisten Fällen würde sich dies nachteilig auswirken. Der/Die Personalchef/in muss befürchten, dass Sie das Angebot ablehnen. Diese Ungewissheit möchte er unbedingt vermeiden. Eine erneute Kandidatensuche bedeutet für ihn Verlust an Ansehen, Zeit und Geld.

9   Richtig: Natürlich haben Sie ein großes Interesse daran zu erfahren, wie viel Sie verdienen würden und ob die Rahmenbedingungen ideal sind. Was nützt Ihnen andererseits dieses Wissen, wenn Ihnen die Stelle doch nicht angeboten wird? Viele Bewerber stellen ausschließlich Fragen nach Geld, Urlaub und Vergünstigungen und signalisieren damit, dass ihnen daran mehr liegt als an ihrer Arbeit und der Firma. Vertagen Sie deshalb solche Fragen, bis ein Arbeitsangebot vorliegt (siehe Kapitel IV).

10 Nicht richtig: Gegen verdiente Entspannung ist nichts einzuwenden, aber nach einem Interview oder Assessment Center sind umgehend noch zwei wichtige Aufgaben zu erledigen:
    - Machen Sie Notizen zum Verlauf. Achten Sie dabei besonders auf Kritikpunkte zur Optimierung zukünftiger Gespräche und notieren Sie sich Namen oder wichtige Einzelheiten, die Sie noch nicht festhalten konnten. Dazu gehören auch Vereinbarungen etwa zum Nachreichen von Dokumenten oder zum Zeitpunkt, an dem Sie anrufen können, um das Ergebnis zu erfahren.
    - Senden Sie innerhalb eines Tages nach dem Vorstellungsgespräch bzw. Assessment Center einen Dankesbrief ab.

11 Richtig: Im Assessment Center werden vor allem personale Eigenschaften beobachtet, die für Führungspositionen wichtig sind. Fachkenntnisse werden vorausgesetzt.

12 Nicht ganz richtig: Die Gruppendiskussion kann „führerlos", d. h. ohne Moderator stattfinden. Auch ein Thema ist nicht immer vorgegeben. Manchmal suchen es die Teilnehmer selbst.

3.1 Varianten

Zur Besetzung verschiedener Stellen wählen Unternehmer verschiedene Varianten von Gesprächen. Das einfache Vorstellungsgespräch *[hiring/placement interview]* ist die gebräuchlichste Art. Der/Die Personalchef/in sichtet die Bewerbungen, wählt einige Kandidaten aus und lädt sie zu einem Interview ein. Anschließend entscheidet er/sie sich für eine/n von ihnen.

Der Personalchef kann aber auch nach einer Vorrunde mehrere geeignete Bewerber auswählen, diese zu einem zweiten Gespräch *[second-round interviews]* einladen und erst dann entscheiden. Solche gestaffelten Gespräche bezeichnet man als *sequential interviews*. Die Vorrunde kann in solchen Fällen auch per Telefon (siehe III.6 „Telefoninterviews" unten) oder E-Mail erfolgen.

Die genannten Arten können als Einzelgespräche *[one-to-one interviews]* oder als Gespräche mit mehreren Interviewern *[panel/committee interviews]* durchgeführt werden, wobei jeder eigene Fragen stellt. Es sind auch Formen möglich, bei denen ein Kandidat in getrennten Gesprächen von verschiedenen Personen befragt wird. Solche *serial interviews* können einen halben bis zu einem Tag dauern. Erst am Schluss wird eine gemeinsame Entscheidung getroffen.

Eine weitere Variante sind Gruppengespräche *[group interviews]*. Eine Reihe von Kandidaten wird dabei von einer oder von mehreren Personen gemeinsam befragt. Dies geschieht nicht, um Zeit zu sparen, sondern um die interaktiven und sozialen Fähigkeiten der Kandidaten zu beobachten. Nur in der Gruppe kann man Führungsqualitäten, Zielstrebigkeit, Durchsetzungs- und Integrationsfähigkeit der Kandidaten erkennen.

Eine besonders raffiniert ausgearbeitete Art des Gruppengesprächs ist das so genannte Assessment Center. Mehrere Beobachter beurteilen dabei während verschiedener Veranstaltungen eine Reihe von Kandidaten gleichzeitig. Es bietet den Firmen die Möglichkeit, Bewerber zu vergleichen und ihre Fähigkeiten genauer und objektiver einzuschätzen als bei einem Einzelgespräch. Allerdings ist es ein sehr aufwändiges Verfahren und dient vor allem Großunternehmen zur Rekrutierung ihrer Führungskräfte. Wenn Sie sich bei einer international tätigen Firma bewerben, ist es also nicht ausgeschlossen, dass diese Sie zu einem englischsprachigen Assessment Center einlädt. In Abschnitt III.7 „Assessment Center" unten finden Sie dazu eine gesonderte Besprechung.

3.2 Fünf Phasen eines Vorstellungsgesprächs

Im Allgemeinen können Sie im Falle eines Einzel- oder Gruppen-gesprächs mit folgendem Ablauf rechnen:

1 Gesprächseröffnung: Das Gespräch beginnt mit der Begrüßung und mit Small Talk, um das Eis zu brechen, dem/der Bewerber/in die Nervosität zu nehmen, aber auch um die Ausdrucksfähigkeit und die soziale Kompetenz des Bewerbers zu prüfen und ihm vielleicht den Eindruck zu vermitteln, dass er mit dem Interviewer vertraulich umgehen kann. Gehen Sie nicht darauf ein. Diese „Aufwärmphase" ist viel wichtiger, als Sie vielleicht annehmen, denn der erste Eindruck, den man von einem/einer Bewerber/in bekommt, verbessert sich im Laufe des Interviews nur selten.

2 Informationen über das Unternehmen und die Stelle: Das folgende Informationsgespräch über die Firma gibt Ihnen die Möglichkeit, Ihr Wissen über die Firma und über die angebotene Stelle zu prüfen und weitere Fragen zu stellen. Es ist für Sie ganz wichtig, Wissenslücken zu füllen und zu klären, was die Firma von Ihnen erwartet. Bitten Sie um eine Stellenbeschreibung, die Ihre Pflich-ten und Verantwortlichkeiten festlegt. Vorstellungsgespräche können auch mit anderen Themen beginnen. In diesem Fall sollten Sie darum bitten, aber nicht darauf bestehen, zunächst Fragen zu klären, die für Sie wichtig sind. Dann erst wissen Sie, was Sie über sich mitteilen müssen.

3 Fragen an den/die Bewerber/in: Nun wird der Interviewer Fragen an Sie richten. Er wird sich über Ihren persönlichen Hintergrund, Ihre Ausbildung, Ihre Arbeitserfahrung, Ihre berufliche Laufbahn und über Ihre Fähigkeiten und Eigenschaften informieren. Dies ist die wichtigste Phase des Vorstellungsgesprächs, auf die Sie sich intensiv vorbereiten müssen. Hier wird nicht nur die fachliche Qualifikation, sondern auch das Persönlichkeitsprofil hinterfragt.

4 Klärung offener Fragen des Bewerbers: Danach erhalten Sie noch einmal das Wort. Ihr Gesprächspartner wird Sie vielleicht fragen: *Do you have any (last) questions?* Nun sollten Sie noch einige intelligente Fragen parat haben. Eine Verlegenheit an dieser Stelle könnte der Eindruck erwecken, als hätten Sie nicht richtig zuge-hört oder hätten kein Interesse an der Firma oder der Arbeitsstelle.

5 Gesprächsabschluss: Die letzte Phase des Gesprächs ist die Ver-abschiedung. Sie bedanken sich für die Gelegenheit, die Firma kennen zu lernen und klären, wie man in Kontakt bleiben will.

3.3 Vorbereitung: Erkundung, Planung und Übung

Die Vorbereitung gliedert sich in drei Stufen: Erkundung, Planung und Einüben. In der Erkundungsphase versuchen Sie, möglichst viele Informationen über die Firma oder die Institution zu gewinnen, bei der Sie sich bewerben, aber auch über sich selbst. In der Planungsphase erarbeiten Sie eine Strategie zur Beantwortung von Fragen oder zur Bearbeitung der Aufgaben, die in den Veranstaltungen zu erwarten sind. In der Übungsphase simulieren Sie die Vorstellungsgespräche am besten mit Freunden. Schließlich bleiben Ihnen noch die letzten Vorkehrungen für den großen Tag.

Beginnen Sie die Erkundungen bei sich selbst. Beurteilen Sie Ihre **Erkundung** eigenen Fähigkeiten, Ihre Karriere und Ihre Ausbildung kritisch und überlegen Sie sich dann, welche Informationen Sie dem möglichen Arbeitgeber mitteilen möchten. Wenn Sie darüber eine klare Vorstellung haben, kann sich auch dieser ein klares Urteil über Sie bilden und erhält von Ihnen einen optimalen Eindruck.

Sammeln Sie dann Informationen über die betreffende Firma oder Institution und die angebotene Stelle. Wahrscheinlich haben Sie schon Erkundungen angestellt, bevor Sie Ihren Bewerbungsbrief oder Lebenslauf geschrieben haben. Falls Sie noch Wissenslücken haben, dann unternehmen Sie weitere Recherchen. Die wichtigsten Informationen sind öffentlich zugänglich.

- Suchen Sie Informationen über die Homepage der Firma im Internet
- Bitten Sie telefonisch oder brieflich die PR-Abteilung oder die Firmenleitung um Broschüren, Kataloge und Geschäftsberichte *[business/annual reports]* über die Produkte und Dienstleistungen der Firma
- Erkundigen Sie sich über ihre Entwicklung in der Vergangenheit und Gegenwart und ihre Pläne für die Zukunft
- Wenden Sie sich an professionelle Organisationen, z. B. Arbeitsämter, Industrie- und Handelskammern, Amerikahäuser, das British Council, Gewerkschaften oder Verbände
- Benutzen Sie Handbücher, Nachschlagewerke *[reference works]* und Firmenkataloge z. B. in öffentlichen Bibliotheken
- Besuchen Sie Fachmessen und Fachausstellungen
- Befragen Sie Personen, die über die Firma Bescheid wissen
- Verfolgen Sie gezielt fachbezogene Berichte in Presse, Funk und Fernsehen

Diese Erkundungen dienen einem doppelten Zweck: Sie sollen erstens die Informationen erhalten, durch die Sie Ihre Eignung für die angebotene Stelle prüfen können. Zweitens müssen Ihre Gesprächspartner erkennen, dass Sie über ihre Firma und ihre Erwartungen Bescheid wissen. Sie werfen sich selbst aus dem Rennen, wenn Sie beim Vorstellungsgespräch oder beim Assessment Center noch primitive Fragen über die Firma stellen. Über die folgenden Punkte sollten Sie also informiert sein:

- Firmensitz – *headquarters location*, Firmenstruktur, Filialen – *branch offices*, Mutter- und Tochtergesellschaften – *parent companies and subsidiaries*
- wichtigste Produkte und Dienstleistungen
- Mitarbeiterzahl, Wachstumsrate, gegenwärtige Geschäftsentwicklung
- Märkte, Marktanteile, Entwicklung des Marktes und Hauptkonkurrenten
- Stellenbeschreibung und Gehaltsspanne für die angebotene Stelle

Informiert sein sollten Sie nicht zuletzt darüber, welche Fähigkeiten und persönliche Eigenschaften erwartet werden. Nur dann können Sie beurteilen, welche Informationen für Ihren potentiellen Arbeitgeber wichtig sind, d. h. wonach er fragen wird. In Stellenanzeigen werden bestimmte Voraussetzungen genannt. Prüfen Sie, ob Ihre Fähigkeiten und Qualitäten damit übereinstimmen. Wenn Sie erkennen, dass Sie in einzelnen Fällen (z. B. Arbeitserfahrung auf einem bestimmten Gebiet) diese Voraussetzungen nicht erfüllen, dann können Sie alternative, aber vergleichbare Fähigkeiten anbieten. Natürlich müssen Ihre Fähigkeiten im Allgemeinen den Erwartungen entsprechen. Anderenfalls wären Sie für die angebotene Stelle kaum geeignet. Schließlich sollten Sie wissen, welche Art von Vorstellungsgespräch Sie erwartet. Dies ist besonders wichtig, wenn die Firma Assessment Centers veranstaltet.

Planung der Beantwortung von Fragen

Durch Bewerbungsgespräche hofft der Unternehmer festzustellen, wie gut Sie für die angebotene Stelle geeignet sind. Dafür hat er eine Liste von Fragen vorbereitet. Welche Fragen wird er stellen? Versetzen Sie sich in seine Lage. Welche Fragen würden Sie stellen? Welche Antworten würden Sie erwarten? Jede Frage ist für Sie eine Gelegenheit, Ihrem möglichen Arbeitgeber zu zeigen, dass Sie die Fähigkeiten und Eigenschaften haben, die die Stelle erfordert. Planen Sie also Ihre Antworten sorgfältig. Dies ist für den Erfolg des Interviews absolut unerlässlich.

Die meisten Fragen sind stellenspezifisch. Eine Reihe von Fähigkeiten und Eigenschaften erwartet aber fast jeder Unternehmer:

- Selbstvertrauen
- positive Einstellung zur Arbeit und Motivation
- Kommunikations- und Anpassungsfähigkeit
- die Fähigkeit, in einem Team, aber auch selbständig zu arbeiten
- Flexibilität und Lernbereitschaft
- Persönlichkeit und Kultiviertheit

Rechnen Sie also nicht nur mit stellenspezifischen Fragen, sondern auch mit solchen, die sich auf diese Eigenschaften beziehen. Natürlich ist der Verlauf eines Vorstellungsgesprächs nie völlig voraussehbar. Einige Fragen werden Sie nicht erwartet haben. Wenn Ihnen aber klar ist, was der Unternehmer mit einem Interview bezweckt, dürften Sie keine Fragen in Verlegenheit bringen.

Das Einüben der Fragen und Antworten ist eine intensive, zeitaufwändige Arbeit, aber eine Investition, die gute Dividende abwirft. Je mehr Sie üben, desto routinierter werden Sie und desto mehr wächst Ihr Selbstvertrauen. Es versteht sich von selbst, dass auch das Bewerbungsgespräch selbst eine vorzügliche Übung ist. Üben Sie, wenn möglich, einige Male pro Woche. Sie brauchen vorbereitete Antworten nicht unbedingt auswendig zu lernen. Das könnte Sie sogar daran hindern, natürlich zu sprechen. Üben Sie mit Stichworten. Anfangs werden Sie sich gehemmt fühlen und sich überwinden müssen. Bald aber erlangen Sie Sicherheit und Routine.

Bitten Sie Freunde, die Rolle des möglichen Arbeitgebers zu übernehmen. Stellen Sie Ihnen Informationen über die Firma und die angebotene Stelle und eine Liste von Fragen zur Verfügung, die sie auch abwandeln können. Bitten Sie weiter, sich Notizen über Ihre Stärken und Schwächen zu machen und sie zu kritisieren. Zwischendurch können auch Sie einmal den Arbeitgeber spielen, um sich mit seiner Perspektive vertraut zu machen. Zur Vorbereitung auf ein Assessment Center finden Sie Hinweise im Abschnitt III.7 unten.

Einüben des Vorstellungsgesprächs

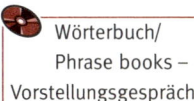 Wörterbuch/ Phrase books – Vorstellungsgespräch

III.4 Typische Interviewfragen und Strategien zu Ihrer Beantwortung

Wörterbuch/
Phrase books –
Vorstellungsgespräch

4.1 Fragen des Interviewers

Im Folgenden finden Sie eine Reihe von möglichen Fragen. Häufig gestellte Fragen sind durch ein Sternchen (*) gekennzeichnet. Bereiten Sie auf diese schriftliche Antworten vor. Rechnen Sie auch mit stellenspezifischen Fragen, die vielleicht hier nicht aufgelistet sind. Drücken Sie sich einfach aus und schlagen Sie wichtige Wörter im Wörterbuch nach. Bitten Sie jemand, mit guten Englischkenntnissen, Ihre Antworten zu prüfen.

Small Talk

Belasten Sie den ersten Eindruck nicht durch Klagen über Ihre Anreise oder Ihr Hotel. Auch wenn es Schwierigkeiten gegeben hat – halten Sie sich nicht lange dabei auf.

– Did you have any difficulties finding your way here?
– I hope the traffic/weather wasn't too bad.
– How was your trip/flight?
– How is your hotel/accommodation *[Unterkunft]*?
– Have you ever been to Los Angeles (before)?/Is this your first visit to Los Angeles?
– Can I offer you something to drink? A cup of coffee? How do you like it? Milk or sugar?

Offene Fragen zu Ihren Fähigkeiten

Betrachten Sie jede Frage als Chance, Ihre Schlüsselqualifikationen vorzustellen. (Einen Tipp zur Vorbereitung finden Sie in V.3 „Geraffte Selbstdarstellung".)

* Tell me about yourself./How would you describe yourself? *[Interpretieren Sie solche Fragen wie folgt:* What in your background makes you qualified and motivated for the offered position?]
* Please give me a brief outline/summary/the highlights of your educational and professional background.
* What do you think are your qualifications/outstanding qualities/greatest strengths?
* What have you accomplished so far in your professional life?
* What can you offer us? Why should we hire you? *[Schlüsselqualifikationen nennen]*
– How would your (former) supervisor/professor/friend describe you?

Auf geschlossene Fragen erwartet man die Antwort „ja" oder „nein" oder die Aufzählung einer Reihe von Punkten. Fügen Sie kurze Erläuterungen an, die Ihren Partner von Ihrer Qualifikation überzeugen.

Geschlossene Fragen zu Ihren Fähigkeiten

- What courses did you take this last semester? *[Nennen Sie auch einige Einzelheiten aus den Kursen, die für die Stelle wichtig sind.]*
- What subjects at university do/did you like best?
- What Microsoft Office Package programs are you familiar with? *[Berichten Sie zusätzlich, dass Sie mit stellenrelevanten Programmen Erfahrungen gesammelt haben.]*
- Can you deal with stress? [Yes, of course. A good example of this concerns the end-of-the-semester period in which all of the semester project reports have to be completed at the same time as the final exam preparations take place. I have learned that planning and disciplined execution of the preparation work is the best solution for successfully dealing with stress.]
- Do you have experience in giving presentations? [On average I gave three presentations per semester at the university: some in teams and many on my own, even some in English. In particular I enjoy giving PowerPoint presentations with a beamer, but I also have experience working effectively with overhead projectors. Not only have I acquired routine in making effective presentations at university but I have also made a number of successful presentations in business contexts. My supervisors have always been pleased.]

Achten Sie bei Ihren Antworten abermals auf den Bezug zur Stelle.

Fragen zu Ihrem Werdegang

- ⋆ Describe the tasks/responsibilities of your current/last position.
- What makes the offered position different from your current/last position? [new challenges, new responsibilities, growth opportunities]
- ⋆ What did you learn at the university that you can use for the offered position? [relevant courses, team work]
- ⋆ What kind of experience have you gained that is relevant for the offered position?
- How quickly can you begin to make a significant contribution to our company? [At once, since I have acquired all the skills/qualifications/experience necessary for the position.]

Kennen Sie die Aufgaben der angebotenen Stelle?

Zeigen Sie in Ihren Antworten, dass Sie die Aufgaben der Stelle kennen und die Fähigkeiten haben, sie auszuführen.

* ★ What tasks do you think have to be performed in the offered position?
* ★ What skills/personal qualities are required to be successful in the offered position/your profession?
* − What do you think are the main responsibilities of a software designer?
* − What aspects of the offered position do you consider the most important?
* − Describe how the offered position relates to the overall goals of the department/project/company?

Kennen Sie die Firma und die Märkte?

Zeigen Sie Ihr Wissen über die Firma und die Branche.

* ★ What do you know about our company/products/services/markets/history/competitors?
* − What do you know about the current developments in our market(s)/in our (branch of) industry?

Wären Sie eine gute Managerin/ein guter Manager?

Hier geht es nicht nur um Grundkenntnisse über Management, sondern auch um den von der Firma bevorzugten Stil.

* − Describe your experience of supervising others.
* − How do/would you manage others?/What is your philosophy of management?
* − What do you think are the basic qualities/tasks of a good manager?
* − What kind of boss do you like?
* − What personal qualities do you look for in supervisors/colleagues/subordinates/job candidates?
* − What kind of work would you try to delegate to your subordinates?
* − What do you understand by MBO/TQC (Management by Objective/Total Quality Control)? How could these methods be used in the offered position?

Bereiten Sie Antworten aus Ihrem Werdegang vor, die erwünschte Fähigkeiten demonstrieren.

Fragen über Ihre Arbeitsweise

- What have you done that demonstrates teamwork/initiative?
- How do you plan your day/week? *[Organisationstalent]*
- Describe some of the important decisions you (have) made in your current/last position. [*Beschreiben Sie Ihre Entscheidungsprozesse:* I collected information, consulted important persons, evaluated my options.]
- Describe how you solved a work-related problem. *[wie oben]*
- How quickly do you make decisions? [In most cases I can make quick decisions because I keep myself well informed. In special cases of course I take the necessary time to evaluate the options.]
- How do you keep up with current developments in your profession? [I read professional literature, am a member in the … society, visit professional fairs, attend training courses/ seminars.]
- How do you deal with pressure? [I try to avoid excessive pressure through prevention, primarily by planning my time, and I try to recover my strength through relaxation exercises, team sports and hobbies.]

Corel Library

Fragen zu Ihrer Motivation und Persönlichkeit
Zur Vergangenheit

- Why have you attended a University of Applied Sciences? [I was attracted by its streamlined curriculum, practice orientation, and the close contact it offers me to professors and industry.]
- Why did you change academic programs/universities/careers/companies? [I wished to broaden my horizons, have new challenges, better career prospects.]
- Why did you decide for this academic program [US]/course of study [UK]/field of work?
- What do/did you like about your current/last position? [responsibility, challenges, independence, trust and recognition by my superiors]
- What don't/didn't you like about your current/last position? [Erwähnen Sie nichts Negatives über irgendeine Person/Stelle/Firma: I like working there, but I am overqualified for that position.]

Zur Gegenwart

* What are you looking for in a new position/company? What interests you in particular about the offered position? Why is this job offer ideal for you? *[Die neue Position bietet mehr an Herausforderungen, Entwicklungen und Aufsteigemöglichkeiten.]*
* Why do you wish to join our company? [I think we have common interests: I can identify myself easily with your products/services/your management style. I think your company has a real future. Therefore, I wish to contribute significantly to its growth and in the process I hope to grow myself by taking on further responsibilities and challenges.]
- Why do you wish to work abroad? [I would love the challenge. Moreover, working abroad will improve my career chances as well as my knowledge of English and my understanding of foreign cultures.]
- What is important for your professional satisfaction? [responsibility, interesting challenges, work on a good team, recognition]
- What do you do in your free time? [I read professional literature, attend courses in .../I am fond of team sports like ...]
- What newspapers and magazines do you read regularly? *[auch überregionale Zeitungen und Fachzeitschriften]*
- What book have you read recently? What do you think about the book? How has it affected you? *[Seien Sie bereit, etwas über das Buch zu erzählen.]*

- Do you visit the theatre/the opera/concerts/cultural events? What have you attended recently?

Zur Zukunft

* What do you hope to be doing in five years? [Once I know the firm well enough, I hope to work in this department with increased responsibility. After further training I hope to be promoted. – *Sagen Sie nicht, dass Sie eine leitende Stelle oder gar die des Interviewers anstreben, sondern dass Sie Personalverantwortung übernehmen möchten.*]
- How long do you intend to work for us? [As long as you can employ me in a qualified position and further personal growth and advancement are possible.]

Corel Library

Fragen mit Fußangeln Diese Fragen erfordern eine wohlüberlegte Antwort.

- If you could select a company you would like to work for, which would you choose? [Of course, I would choose your company because ...]
- Are you a leader or a follower? [I find it important to be both. As an executive it is essential to be able to follow as well as give directions.]
- Do you prefer working on teams or alone? [I'm familiar and happy with both.]
- Are you willing to travel? to work overtime/weekends? *[Sie können es sich nicht leisten, einfach „Nein" zu sagen. Fragen Sie zuerst, wie viele Überstunden/Reisen durchschnittlich im Monat erwartet werden. Die Antwort kann für Ihre Entscheidung kritisch sein. Sonst können Sie sagen, dass Sie immer daran interessiert sind, das zu tun, was der Firma nützt.]*
- How do you feel you are doing so far in this interview? *[Antworten Sie „Fine", wenn Sie glauben, dass dies der Fall ist. Wenn einige Ihrer Fähigkeiten bisher nicht zur Sprache kamen, nützen Sie die Gelegenheit, sie zu erwähnen. Sagen Sie nichts Negatives. Der Interviewer könnte von Ihrem möglichen Mangel an Selbstvertrauen sehr überrascht sein.]*
- Have you ever been fired/unemployed for an extensive period? *[Falls dies zutrifft, erklären Sie, ohne jemand zu beschuldigen, wie es dazu kam, aber auch, wie Sie dadurch an Erfahrung gewonnen und die Gelegenheit zur Weiterbildung genützt haben.]*
- Have you recently had job interviews with other companies? *[Es wäre riskant, diese Frage zu bejahen. Sie wären im Nachteil, da die Firma befürchten müsste, dass Sie die Stelle doch nicht annehmen. Sagen Sie also Folgendes:* No. I am at the beginning of my job search. However, in the past I have always been quite successful in getting work quickly due to my practical skills and experience.*]*

Vermeiden Sie wenn möglich sich selbst zu kritisieren. Drücken Sie vielmehr aus, dass Sie mit Ihrer Karriere sehr zufrieden sind. Wenn man Sie auffordert, Ihre Schwächen zu benennen oder Fälle, in denen Sie kritisiert wurden, dann wählen Sie Beispiele aus, die mit Ihrem Berufsleben wenig zu tun haben oder die Ihre Arbeit nicht beeinträchtigt haben. Sagen Sie, dass Sie für die Kritik Ihres Chefs/Ihrer Chefin dankbar waren und Ihre Leistungen sofort verbessert haben.

Aufforderungen zur Selbstkritik

* What do you think are your weaknesses? *[nur Kleinigkeiten]*
* Where do you see need for improvement (in your skills/ personal development)?
- How do you feel about your professional development up to now? *durchdenken*
- What would you still like to accomplish in your current position? Why haven't you been able to achieve this yet?
- Tell me about a time at work when you were criticized?
- Give me an example of a bad decision you have made at work.
- What courses at university did you like least / have the greatest difficulty in? *[Kurse, die kaum für die angebotene Stelle relevant sind.]*
- If you could start university/your career over again, how would you do it differently?
- How does criticism affect you? [I'm always thankful for constructive criticism that helps me in my work.]

Sprechen Sie über niemanden negativ! Gewinnen Sie auch Ihren schlimmsten Erfahrungen etwas Positives ab, denn Ihre negativen Erfahrungen werfen ein negatives Licht auch auf Sie. Was hat Ihr möglicher Arbeitgeber davon, wenn Sie für einen unleidigen Chef oder eine miserable Firma gearbeitet haben? Schlimmstenfalls könnte der Interviewer Ihre Erfahrungen anders interpretieren, als Sie es tun, und Sie als einen schwierigen und unzufriedenen Menschen einstufen.

Aufforderungen, andere zu kritisieren

- What did you dislike about your last job/boss/employer/ company?
- Which of your former courses/jobs/duties/bosses did you like least?

Stressfragen

Das Ziel solcher Fragen ist es, festzustellen, wie Sie reagieren, wenn Ihre Selbstachtung durch provokante oder übermäßig schwierige Fragen angetastet wird. Stressfragen können also vorgetäuscht sein, um Ihre Reaktion, Ihr Verhalten und Ihr Selbstwertgefühl unter Stressbedingungen zu testen. Bewahren Sie Ihre Haltung. Keinesfalls dürfen Sie ausrasten. Fragen Sie Ihrerseits: *Why do you say that?* Dann muss der Interviewer konkretisieren, was er (scheinbar) kritisieren will. Nun können Sie erklären, warum Sie hierin kein Problem sehen.

- Why should we take someone like you who is obviously over/underqualified?
- Why have you applied when you are not very well qualified for the offered position?
- What would you say if I told you that you are not making a very good impression on me?
- According to your background, you seem to be making a career change with this application. *[Wenn dies zutrifft, erklären Sie Ihre Begründungen für den Berufswechsel – wenn dies nicht zutrifft, fragen Sie den Interviewer, warum er das so sieht.]*
- Silence. *[Schweigen kann als Taktik eingesetzt werden, um zu prüfen, ob Sie die Fassung bewahren. Sie sind nicht verpflichtet, eine Leere zu füllen. In Ihrer Nervosität besteht die Gefahr, einfach etwas zu sagen, was Ihnen in den Sinn kommt. Warten Sie lieber gelassen.]*

Fragen zur angebotenen Stelle

 Wörterbuch

4.2 Fragen des Bewerbers / der Bewerberin

Vielleicht haben Sie schon während des Informationsgesprächs Fragen gestellt. Es macht einen guten Eindruck, wenn Sie das Einstellungsgespräch auch mit einigen intelligenten Fragen über die Firma und die betreffende Stelle abschließen, die Ihr Interesse und Ihr Sachwissen erkennen lassen. Dabei schadet es gar nichts, wenn Sie die Fragen auf einem Notizblock vorbereitet oder während des Einstellungsgesprächs notiert haben.

- Could you briefly describe a typical day on the job / the tasks / responsibilities/goals of the offered position? / Could you describe the offered position, please?
- What is an ideal applicant for this position like in your opinion?
- What [z. B] budgeting/supervising responsibilities will there be?
- What (sales/budgetary, etc.) goals should be met?

- What will be the main challenges of the position in your opinion?
- How does my position fit into the organization?/How does the offered position relate to some of the company's current projects?
- Who will I report to? Will he/she be coaching me?
- How big is the department in which I will be working?
- Are there plans for making departmental changes in the near future?
- Are there further education opportunities?
- How many people have had this position over the last ten years? What created the job opening? *[ggf.]* What happened to my predecessor(s)? What were his/her/their reasons for leaving?

Fragen zur Firma

- What is the working climate like in this company?
- What do you like about working for this company?
- Can you say something about the people I will be working under/with/will be supervising?
- What is the company's style of management?
- How will my performance be measured/evaluated?
- Will there be opportunities for further training/growth in the company?
- How can my career in the company develop?/What is a common career path for someone like me in your company?
- What current changes is the company going through?
- What are the company's plans for the future?

5.1 Vorkehrungen am Vortag

III.5 Tipps und Strategien

- Bereiten Sie Ihre Aktentasche vor

    Denken Sie an Ihre Notizen mit der Firmenadresse, dem Namen und der Telefonnummer der Kontaktperson und dem Treffpunkt, ebenso an den Stadtplan, den Notizblock mit Ihren Fragen, an Stifte und Kopien Ihres Lebenslaufes für den Fall, dass der Interviewer sein Exemplar nicht griffbereit hat oder dass andere Firmenangehörige dem Einstellungsgespräch beiwohnen. Nehmen Sie wenn möglich auch ein Mobiltelefon mit, damit Sie während der Fahrt anrufen können, falls etwas Unerwartetes geschieht.

Vergessen Sie nicht, das Handy vor dem Betreten der Firma aus-zuschalten. Vielleicht brauchen Sie auch weiteres Material, wie Arbeitsproben, Empfehlungsbriefe oder Ihre Visitenkarten. Danach legen Sie Ihre Aktentasche (am besten aus schwarzem Leder) an eine strategische Stelle, damit Sie am nächsten Tag nicht ohne sie davonbrausen.

- Legen Sie Ihre Kleider bereit
  Kleiden Sie sich dem Anlass entsprechend. Geben Sie sich das Aussehen einer Person, die die Firma vertritt, bei der Sie sich bewerben. Nur dezenter Schmuck ist erlaubt. Männer sollten keine kurzärmeligen Hemden tragen und auf Ohrringe und Piercing-schmuck verzichten. Falls man Ihnen bei der gleichen Firma ein weiteres Interview anbietet, empfiehlt es sich, den Anzug zu wechseln. Kritische Personen könnten Sie sonst als phantasielos oder geizig beurteilen.

- Planen Sie Ihre Reise
  Erkundigen Sie sich genau, wie Sie am besten zum Treffpunkt kommen. Kalkulieren Sie Ihre Zeit so, dass Sie mindestens eine halbe Stunde Spielraum haben, im Falle einer längeren Anreise sogar noch mehr. Rechnen Sie mit schlechtem Wetter oder Verkehrsstaus. Wenn Sie mit dem Auto fahren, prüfen Sie, ob Sie genug Benzin haben. Nehmen Sie genug Bar- und Wechselgeld für Ausgaben während der Reise (Fahrgeld, Parkautomaten) mit.

5.2 Verhalten während des Vorstellungsgesprächs oder des Assessment Centers

Ratschläge zur Vorbereitung und Gestaltung Ihres Interviews fanden Sie bereits in den vorausgehenden Abschnitten. Im Folgenden sind noch einmal die wichtigsten Punkte zusammengefasst, die Sie während der Gespräche oder des Assessment Centers beachten sollten.

Bei der Ankunft

- Letzte Vorkehrungen: Kommen Sie etwa 10 bis 15 Minuten vor Ihrem Termin an und prüfen Sie Ihr Aussehen. Zigaretten, Parfüm und Sonnenbrille sind von nun an fehl am Platz. Seien Sie freund-lich zu der Empfangsdame oder der Sekretärin. Setzen Sie sich im Warteraum aufrecht, atmen Sie durch und tanken Sie noch einmal Energie. Schauen Sie um sich, um Gesprächsthemen für Small Talk zu erspähen; vielleicht entdecken Sie gemeinsame Interessen wie Sport oder Kunst. Es macht auch einen guten Eindruck auf die

Interviewer oder Beobachter, wenn sie Ihnen beim Durchblättern einer der bereitgestellten Firmenbroschüren zum ersten Mal begegnen.

- **Warten Sie nicht zu lang:** Falls Sie zu lange warten müssen (z. B. etwa eine halbe Stunde), fragen Sie die Sekretärin, ob es nicht besser wäre, einen neuen Termin zu vereinbaren. Seien Sie dabei verständnisvoll und großzügig, da im Geschäftsleben oft Unerwartetes eintritt. Beim nächsten Termin wird der Interviewer sich Ihnen gegenüber verbunden fühlen.

- **Der erste Eindruck:** Der Eindruck, den Sie in den ersten fünf bis zehn Minuten hinterlassen, ist in vielen Fällen entscheidend. Aus welchen Gründen auch immer – der erste Eindruck prägt sich so stark ein, dass alles, was folgt, dem Betrachter diesen Eindruck zu bestätigen scheint. Es gibt keine zweite Chance. Das Vorstellungsgespräch oder Assessment Center beginnt also schon mit der Begrüßungs- und Small Talk-Phase.

- **Seien Sie freundlich, höflich und ein guter Zuhörer** – auch auf dem Weg zum und vom Vorstellungsgespräch. Seien Sie weder zu steif noch zu lässig. Nennen Sie die Interviewer oder Beobachter öfter beim Namen, also Ms. Johnson oder Mr. Lennon. Seien Sie stets diplomatisch, auch wenn Sie über gewisse Themen anderer Meinung sind, und streiten Sie nie. Auch die Fähigkeit zuzuhören wird im Gespräch getestet. Unterbrechen Sie die Interviewer nicht. Hören Sie besonders gut zu, wenn sie über ihre Arbeit und ihre Interessen sprechen. Sie werden sich über Ihre Aufmerksamkeit freuen und Sie mit ihrem Wohlwollen belohnen.

- **Machen Sie kurze Notizen:** Notieren Sie zunächst Namen und Titel der Anwesenden. Halten Sie wichtige Punkte schriftlich fest, damit Sie später darauf zurückkommen können. Das tut auch der Interviewer. Natürlich brauchen Sie nicht jede Kleinigkeit aufzuschreiben. Aber gute Notizen werden Ihnen helfen, 1) erstmals im laufenden Gespräch erwähnte Aufgaben aufzugreifen, um auch hier Ihre Qualifikation zu untermauern, 2) die richtigen Fragen über die Firma und den erstrebten Arbeitsplatz zu stellen, 3) den Eindruck, den die Firma hinterlässt, zu beurteilen und 4) schließlich Details festhalten, die später für einen Dankesbrief wichtig sein könnten.

Während des Vorstellungsgesprächs

- **Halten Sie guten Blickkontakt:** Sehen Sie den Anwesenden in die Augen, ohne sie anzustarren. Lächeln Sie. Blickkontakt und Lächeln erwecken den Eindruck von Selbstvertrauen und Interesse an dem, was die Gesprächspartner sagen. Fehlender Blickkontakt beim Zuhören wird als mangelndes Interesse oder Ablehnung verstanden. Fehlender Blickkontakt beim Sprechen als Mangel an Selbstsicherheit.

- **Nutzen Sie jede Gelegenheit Ihre Schlüsselqualifikationen vorzutragen:** Konzentrieren Sie sich auf Ihr Ziel, Ihre Qualifikation für die angebotene oder eine potentielle Stelle effektiv darstellen. Sie haben sich intensiv darauf vorbereitet und trainiert. Kein Grund zur Panik: wenn es ernst wird, legen Sie los!

- **Fassen Sie sich kurz und seien Sie konkret:** Keine Antwort sollte länger als zwei Minuten dauern. Kommen Sie sofort zur Sache, fügen Sie vielleicht ein eindrucksvolles Beispiel an und dann Schluss. Mit konkreten Beispielen können Sie Ihren möglichen Arbeitgeber am besten von Ihrer Eignung überzeugen. Beschreiben Sie die Ausgangssituation oder Ihre Aufgabe, dann die von Ihnen eingeleiteten Schritte, schließlich das Ergebnis (die so genannte STAR-Folge: Situation or Task – Action – Result).

- **Sprechen Sie laut und deutlich:** Manche Menschen sind vielleicht von Natur aus ruhige Typen und sprechen leise. Leider signalisieren Sie damit Schüchternheit. In Vorstellungsgesprächen müssen Sie aber Selbstvertrauen ausstrahlen. Dies erreichen Sie nicht zuletzt durch eine klare und starke Stimme und eine aufrechte Sitzhaltung. Auch daran sollten Sie bei Ihren Vorbereitungsübungen denken. Ihre Antworten dürfen nicht wie aus dem Gedächtnis abgelesen wirken, sonst verlieren Sie dabei den Blickkontakt und Ihre Stimme verflacht sich und wirkt monoton.

- **Seien Sie optimistisch und selbstbewusst, aber dominieren Sie nicht:** Erlauben Sie dem Interviewer, die allgemeine Richtung des Gesprächs zu bestimmen. Natürlich können Sie während und am Ende des Interviews Fragen stellen. Dies sollte sich aber in Grenzen halten.

- **Stellen Sie Ihre Schwachstellen als unerheblich dar:** Vielleicht haben Sie nicht genau die Qualitäten, die die Firma von Ihnen erwartet. Bieten Sie in diesem Fall andere Fähigkeiten oder Erfahrungen an oder überzeugen Sie den Interviewer, dass Sie die fehlende Fähigkeit, z. B. die Vertrautheit mit einem Computerprogramm, rasch erwerben können. Zeigen Sie also, dass Sie motiviert sind, Kenntnislücken zu beseitigen.

- **Kritisieren Sie sich nicht selbst:** Überlassen Sie die Beurteilung dem Interviewer. Oft sind wir zu selbstkritisch, weil uns unsere Schwächen allzu bewusst sind. Der Arbeitgeber sieht aber das Gespräch aus einer anderen Perspektive. Vermeiden Sie selbstkritische Wörter wie *only* und *a little*. Wenn der Interviewer Sie fragt, wie viele Fremdsprachen Sie können, dann antworten Sie nicht *only English and French* oder *English and a little French*. Sagen Sie einfach *English and French*. Auf die Frage, wie gut Sie die Sprachen beherrschen, nennen Sie Tatsachen: *Six years of English and two years of French*. Der Interviewer soll selbst beurteilen, ob Ihre Englisch- und Französischkenntnisse ausreichend sind. Noch bedenklicher ist es, wenn Sie eine positive Feststellung durch eine negative einschränken: *I've studied French, but only for two years*. Damit signalisieren Sie, dass Sie selbst meinen, das würde nicht ausreichen.
- **Vermeiden Sie Zeichen von Nervosität, Unsicherheit oder Langeweile:** Die nonverbalen Informationen, die Sie während des Einstellungsgesprächs unbewusst verschicken, machen einen stärkeren Eindruck auf den Zuhörer als der Inhalt Ihrer Aussagen. Denken Sie bereits während der Übungsphase daran. Bitten Sie einen Freund, auf solche Zeichen zu achten und Sie zu korrigieren. Sitzen Sie aufrecht, halten Sie die Arme unverkrampft und offen (nicht gekreuzt). Spielen Sie nicht mit Stiften, mit der Brille, Krawatte oder mit dem Fingerring. Klopfen Sie nicht mit den Fingern auf den Tisch oder fahren mit der Hand durch das Haar. Solche Zeichen gelten als Signale von mangelndem Selbstvertrauen. Gähnen Sie nicht und schauen Sie nicht auf die Uhr. Dies signalisiert, dass das Gespräch Ihnen langweilig oder unangenehm ist und dass Sie das Ende herbeisehnen.

Corel Library

- **Geben Sie nicht auf:** Lassen Sie sich Ärger oder Enttäuschung nicht anmerken. Zeigen Sie Selbstvertrauen, auch wenn Sie glauben, das Gespräch verlaufe nicht gut. Der Interviewer sieht es vielleicht ganz anders als Sie. Durch Signale Ihrer Enttäuschung verderben Sie möglicherweise eine positive Interpretation des Gesprächs durch den Interviewer.

Während der Schlussphasen	• Betonen Sie noch einmal Ihre Qualifikationen für die Stelle und Ihr Interesse an einer Einstellung: Dies kann einen bleibenden Eindruck hinterlassen.

<table>
<tr><td>Während der Schlussphasen</td><td></td></tr>
</table>

Während der Schlussphasen

- Betonen Sie noch einmal Ihre Qualifikationen für die Stelle und Ihr Interesse an einer Einstellung: Dies kann einen bleibenden Eindruck hinterlassen.
- Drängen Sie nicht auf eine schnelle Entscheidung oder auf eine Beurteilung des Gesprächs – vor allem nicht durch Andeutungen, dass Sie noch andere Eisen im Feuer haben. Die Interviewer oder Beobachter würden sich sicher darüber ärgern. Sie müssen ja selbst erst ihre Gedanken sammeln oder ihre Notizen auswerten.
- Klären Sie das weitere Vorgehen: Fragen Sie, wann die Firma wieder mit Ihnen in Kontakt treten möchte. Erwähnen Sie nicht, dass Sie anrufen werden, falls der Termin verstreicht. Es würde so klingen, als ob Sie es der Firma nicht zutrauten, fristgerecht ihre Arbeit zu erledigen.
- Bedanken Sie sich: *Thank you for your time today/for your interest in my application. I am impressed with the offered position/your company. I can well imagine that this is an exciting place to work at. I would be very pleased to be offered the opportunity to work here.*

5.3 Nachbereitung

Nun stehen Ihnen noch drei Aufgaben bevor: 1 die Beurteilung Ihres Gesprächs oder Ihrer Leistungen im Assessment Center, 2 das Schreiben von Dankesbriefen und falls nötig 3 die telefonische Mitteilung an die Firma, dass Sie weiterhin an der Stelle interessiert sind.

Beurteilung Ihres Interviews

Beurteilen Sie so bald wie möglich die Stärken und Schwächen Ihres Vorstellungsgesprächs oder Assessment Centers, die vielleicht nicht Ihre letzten waren. Überlegen Sie sich, ob Sie etwas vergessen oder nur unbefriedigend vorgebracht haben. Denken Sie an das, was Sie dem Interviewer oder den Beobachtern versprochen haben, wie etwa die Zusendung weiterer Informationen, Referenzen oder Beispiele Ihrer Arbeit. Schreiben Sie alle wichtigen Punkte auf, über die Sie noch keine Notizen gemacht haben. Dazu gehören etwa

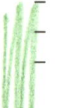

– Namen und Titel aller Anwesenden
– Stellenbeschreibung, Verantwortlichkeiten, Ziele
– Besondere Gründe, warum Sie sich für die Stelle für geeignet halten
– Stärken und Schwächen Ihres Gesprächs – Was würden Sie anders machen?

- Aufgaben, auf die Sie sich mit Ihren Gesprächspartnern geeinigt haben (z. B. Zeugnisse nachreichen)
- Termin des Arbeitsbeginns
- Zeitraum, den die Firma vorgab, Sie über ihre Entscheidung zu informieren

Ihre zweite Nachbereitungsaufgabe ist es, Dankesbriefe zu schreiben. Dazu gibt es verschiedene Anlässe: Dank für das Gespräch, gegebenenfalls aber auch für nützliche Informationen beim *networking*, eventuell für ein Stellenangebot, ja sogar für einen Ablehnungsbescheid. Dankesbriefe gelten nicht als Anbiederungsversuche, sondern vor allem in den USA, aber zunehmend auch in Deutschland als Zeichen von Takt und Höflichkeit, die Sie von den übrigen Bewerbern abheben. Ein sorgfältig verfasster Dankesbrief kann Ihre Chancen durchaus verbessern.

Dankesbrief

Schreiben Sie Ihren Dankesbrief möglichst noch am Tag des Gesprächs. Vielleicht gelingt es Ihnen dadurch sogar, noch vor der Entscheidung einen positiven Eindruck zu verstärken. Es empfiehlt sich, kurze, individuell formulierte Briefe an alle zu richten, die beim Interview anwesend waren. Dazu brauchen Sie Ihre Notizen. Wie in einem Anschreiben sind auch im Dankesbrief Fehler unverzeihlich. Achten Sie vor allem auf richtige Namen und Titel. Rufen Sie notfalls eine Sekretärin der Firma an, um sicher zu gehen.
Bekunden Sie zunächst Ihren Dank für die interessanten Informationen über die Firma und die Stelle und den positiven Eindruck, den die Firma, das Personal, ihre Produkte oder Dienstleistungen etc. auf Sie gemacht haben. Natürlich sollten Sie dabei nicht übertreiben. Dankesbriefe sind aber vor allem ein Mittel, noch einmal Ihr Interesse an der angebotenen Stelle und Ihre Überzeugung auszudrücken, dass Ihre Fähigkeiten den Erwartungen entsprechen. Sie bieten nicht zuletzt die Möglichkeit, Missverständnisse zu klären oder Fähigkeiten und Qualitäten zu betonen, die während des Einstellungsgesprächs zu kurz gekommen sind. Weisen Sie zum Schluss auf Vereinbarungen hin, wie etwa bestimmte Termine, z. B. dass Sie innerhalb von zwei Wochen einen Bescheid erhalten sollten.

- I enjoyed/It was a pleasure meeting with you today/yesterday.
- I appreciate your taking time for me to discuss your opening for the position of Junior Production Officer.
- I wish to thank you for meeting with me on Tuesday regarding the position of Sales Representative.
- Thank you for providing/offering me the opportunity to meet with you today/yesterday in order to discuss how I can contribute to the success of Hewlett-Packard.
- I greatly appreciate the opportunity of meeting with you today/yesterday to discuss my qualifications for the position of Assistant Communications Engineer.
- Thank you so much for taking the time today/yesterday to discuss the possibility of working at Arnold Brothers.
- I enjoyed the opportunity to meet with you and your colleagues.
- I also appreciated the opportunity of meeting with Mr. Lewis from the Accounting Department and Ms. Bradley from the Personnel Department.

- I was (favorably/quite) impressed by/with your company and everyone I met/the quality of your product range/your work enthusiasm.
- Although I have enjoyed my previous experience as an Assistant Controller, I am excited about the challenges and opportunities your company can offer.
- As I find the position very exciting, I wish to stress my interest in an offer from you to fill it.
- As I was deeply/most impressed by/with your company's DeskJet printers, I can well imagine joining your sales/production team.
- I am really enthusiastic about the opportunity/prospect of working for Microsoft as a System Analyst.
- I can well imagine joining IBM/I am very eager to join IBM/I am very interested in joining IBM.
- It would be a wonderful challenge and a great pleasure for me to work as an Accounting Assistant in your Controlling Department.
- I would greatly appreciate the opportunity to join your company as a Junior Sales Manager.

– In our discussion of the position of Assistant Procurement Manager, you stated that this person must be an effective team leader. I wish to point out that throughout my studies and in my two internships I have had numerous opportunities to participate in and even lead teams of students and co-workers in meeting deadline assignments *[terminierte Aufträge auszuführen]*. – You may also wish to know that I have further leadership experience as the Assistant Unit Commander of our local voluntary fire brigade.	Weitere Informationen über Ihre Qualifikationen
– With my qualifications and experience, I am confident/sure/convinced I can contribute significantly to the success of NPR / I can make a significant contribution to the success of NPR. – I feel confident that I can apply my knowledge and experience to this position.	Ausdruck von Selbstvertrauen
– As we agreed at the end of the interview, I should expect to hear from you on your decision within the next two weeks. – I hope to hear from you on your decision by the end of next week.	Erinnerung an die Absprache

Anrufe nach dem Einstellungsgespräch dienen vor allem dazu, Ihr weiteres Interesse an der angebotenen Stelle zu zeigen. Halten Sie die Wartezeit ein, die Sie vielleicht vereinbart haben, anderenfalls haben Sie etwa zwei Wochen Geduld. Vergessen Sie keinesfalls anzurufen. Fassen Sie sich kurz: Fragen Sie, ob die Firma schon eine/n Bewerber/in ausgewählt hat. Drei Antworten sind möglich.

Anrufe nach dem Interview

- Die Wahl fiel auf Sie! Danken Sie in diesem Fall dem Interviewer für sein Vertrauen, bitten Sie um eine schriftliche Bestätigung und vereinbaren Sie einen Termin, um über Einzelheiten des Vertrags zu verhandeln. Bitten Sie die Firma um Zusendung von Informationen über die üblichen Vergünstigungen. Diese werden Ihnen helfen, Ihren Arbeitsvertrag auszuhandeln. (Siehe Kapitel IV „Gehaltsverhandlung" unten.)

- **Sie wurden abgelehnt!** Danken Sie dem Interviewer, dass er Sie ernsthaft in Betracht gezogen hat, und bitten Sie ihn um ein Feedback zu Ihrem Vorstellungsgespräch. Wahrscheinlich berät er Sie gern. Sie können sogar um ein zweites Gespräch bitten, da möglicherweise jetzt oder in Zukunft eine alternative Stelle frei wird. Wenn sich diese Bitte nicht erfüllen lässt, kann Ihnen der Interviewer vielleicht Hinweise auf weitere Beschäftigungs-möglichkeiten geben. Fragen Sie, ob Sie sich später wieder erkundigen dürfen. Sie haben nichts zu verlieren, wenn Sie in Kontakt bleiben. Natürlich werden Sie sich nicht allein auf diese Firma verlassen und sich auch anderswo umsehen.
- **Noch ist die Entscheidung nicht gefallen.** Betonen Sie in diesem Fall Ihr weiteres Interesse an der Stelle. Fragen Sie, wann Sie wieder anrufen können und warten geduldig.

Dankesbriefe und Anrufe bekunden Ihr besonderes Interesse an der angebotenen Stelle, heben Sie von den übrigen Bewerbern ab und geben Ihnen vielleicht den kleinen Vorsprung, der Ihnen gerade noch gefehlt hat.

III.6 Telefoninterviews

Wenn Sie sich um eine Stelle im Ausland bewerben, kann ein Telefon-interview das übliche Bewerbungsgespräch ersetzen. Das gilt beson-ders für sechsmonatige Praktika. Ein solches Gespräch kann sich bei mehreren Gelegenheiten ergeben:

- Sie sammeln telefonisch Informationen bei verschiedenen Firmen und erregen das Interesse eines Arbeitgebers, der sich einschaltet und Interviewfragen stellt.
- Firmen antworten auf Ihre schriftliche Bewerbung, Ihre Erkun-dungen oder auf Ihre *job-application homepage*, indem sie uner-wartet anrufen.
- Sie haben einen Termin für ein Telefongespräch vereinbart.

Vorbereitungen

Ob unerwartet oder nicht, auch ein Telefoninterview muss vorbereitet und geübt werden. Speichern Sie auf Ihrem Anrufbeantworter eine Sprechaufforderung auf Englisch. Legen Sie alle Unterlagen, die Sie brauchen, neben das Telefon (ggf. auf einem Klebzettel neben dem Telefon anbringen):

- Notizblock und Stift
- Namen und Titel von Kontaktpersonen in Unternehmen, bei denen Sie sich bewerben

- einen kurzen Text auf Englisch über Ihre Schlüsselqualifikationen, den Sie frei vortragen können (d. h. geübt, aber weder abgelesen noch auswendig gelernt)
- ein Blatt mit detaillierteren Notizen über Ihre Fähigkeiten
- eine Liste mit Fragen (siehe Abschnitt III.4.2 „Fragen des Bewerbers / der Bewerberin" oben)
- wohlgeordnet alle Kopien der Bewerbungsunterlagen
- die entsprechenden Firmenunterlagen

Üben Sie schließlich das Einstellungsgespräch mit einem Freund. Ein unerwarteter Anruf von ihm ermöglicht eine ganz „realistische" Simulation.

Natürlich gelten die meisten Vorschläge bezüglich eines Standardinterviews auch für ein Telefoninterview (siehe III.3.3 „Vorbereitung" und III.5.2 „Verhalten während des Vorstellungsgesprächs" oben). Beachten Sie darüber hinaus Folgendes:

Verhalten während des Telefoninterviews

- Machen sie einen guten ersten Eindruck. Danken Sie dem Interviewer für seinen Anruf. Sprechen Sie ihn dabei mit seinem Familiennamen an. Fragen Sie höflich nach Namen und Titeln, die Ihnen unbekannt sind.
- Lassen Sie sich ihre Nervosität nicht anmerken. Wenn Sie im Fall eines unerwarteten Anrufs dennoch nervös sind, dann bitten Sie den Interviewer: *Hold the line one minute please …* Eine Notlüge kostet Sie weder die ewige Seligkeit noch Ihre Bewerbungschancen: *May I just turn off the boiling water on the stove?* Dann legen Sie die nötigen Unterlagen zurecht und atmen tief durch.
- Achten Sie auf Ihre Stimme. Auch ohne Blickkontakt spürt der Interviewer Ihre Nervosität. – Doch warum nervös sein? Sie haben nichts zu verlieren. Fassen Sie also Mut, lächeln Sie in das Telefon, stehen oder sitzen Sie aufrecht und sprechen Sie mit freundlicher, klarer und interessierter Stimme.
- Bitten Sie um ein Vorstellungsgespräch. Vielleicht ist in naher Zukunft ein Treffen möglich. In diesem Fall sollten Sie um ein persönliches Vorstellungsgespräch bitten.
- Schreiben Sie noch am gleichen Tag einen Dankesbrief.

III.7 Assessment Center

Assessment Centers bieten die Möglichkeit, Bewerber zu vergleichen. Sie dienen in der Regel nicht dazu, Fachwissen zu prüfen, sondern personale Eigenschaften, die für Führungskräfte nicht weniger wichtig sind: Kreativität und Initiative, Durchsetzungskraft und Teamfähigkeit, Konzentration und Ausdauer, Organisationstalent und Ausdrucksfähigkeit, Urteilsvermögen und Intelligenz.

Jede Firma, die Assessment Centers durchführt, bevorzugt ihre eigene Variante. Mit bestimmten Übungen und Phasen können Sie aber immer rechnen: mit einer Selbstdarstellung am Anfang, einer Gruppendiskussion, einem Rollenspiel, einer Fallstudie oder einem Planspiel, einem Vortrag, vielleicht einer so genannten Postkorbübung und einem Bewerbungsgespräch. Vergessen Sie nicht: Auch wenn die Firma den Ablauf eines Assessment Center (Vorstellung/Kennenlernen – Aufgaben – Feedback) nicht verraten möchte – sie erwartet, dass Sie sich sorgfältig darauf vorbereiten. Dazu gehören genaue Recherchen über die Firma, Übungen mit Freunden, aber auch das Studium von Handbüchern über Assessment Centers, von denen einige im Literaturverzeichnis im Anhang angegeben sind. In diesem Abschnitt finden Sie Kurzbeschreibungen der Aufgaben.

Selbstdarstellung

 Wörterbuch

Vermutlich wird man Sie als erstes bitten, sich der Gruppe und den Beobachtern vorzustellen. Bereiten Sie also ein mündliches Resümee zur Selbstdarstellung vor. Versuchen Sie darin nicht eine Nacherzählung Ihres Lebens, sondern betonen Sie wie im schriftlichen Lebenslauf die Qualifikationen, die für die erstrebte Stelle wichtig sind. Da Sie nicht wissen, wie viel Zeit man Ihnen gewähren wird, sollten Sie eine etwa fünfminütige Version (vgl. die geraffte zweiminütige Version für das Vorstellungsgespräch – siehe III.4.1, Absatz „Offene Fragen zu Ihren Fähigkeiten" oben und Abschnitt V.3, Absatz „Geraffte Selbstdarstellung" unten) vorbereiten, die Sie nötigenfalls kürzen oder verlängern können. Ein Freund mit guten Englischkenntnissen sollte dann Ihren Entwurf korrigieren.

Gruppendiskussionen

Gruppendiskussionen gelten zur Beobachtung von sozialen Eigenschaften als besonders aussagekräftig. Gewöhnlich wird ein Thema aus dem entsprechenden Berufsfeld vorgegeben. Oft ist die Diskussion „führerlos", d. h. sie hat keinen Moderator. Können Sie Ihre Meinung überzeugend darlegen und durchsetzen, ohne Ihre Partner zu dominieren? Gelingt es Ihnen, die Stelle als Moderator einzunehmen?

Arbeiten Sie auf ein Ziel hin? Beachten Sie die vorgegebene Zeit? Am Ende einer gelungenen Diskussion steht ein Ergebnis, das einer aus der Gruppe – am besten natürlich Sie – kurz zusammenfasst. Je öfter Sie Gruppendiskussionen mit Ihren Studienkollegen üben, umso mehr Sicherheit werden Sie gewinnen.

Rollenspiele

In Rollenspielen sollen Sie in einer schwierigen zwischenmenschlichen Situation Ihre Fähigkeiten zur Konfliktlösung oder zur Durchsetzung Ihrer Ziele demonstrieren. Ein „Mitarbeitergespräch" handelt gewöhnlich von dem Fehlverhalten eines Mitarbeiters, den Sie überzeugen müssen, sein Verhalten zu korrigieren. In einem „Kundengespräch" geht es oft um die Beschwerde eines verärgerten Kunden. Ihr Partner ist einer der Beobachter, der es Ihnen nicht leicht machen wird. Versuchen Sie beharrlich, Ihre Ziele durchzusetzen, ohne den Partner zu verletzen und der „Firma" zu schaden.

Postkorbübungen

„Postkorbübungen", Englisch *in-tray exercises*, sind in mehrtägigen Assessment Centern gebräuchlich. Sie kommen nach längerer Abwesenheit in Ihr Büro und müssen in kurzer Zeit einen Stapel von Posteingängen abarbeiten. Welche halten Sie für wichtig? Welche für dringend? Wie ordnen Sie Ihre Termine? Welche Aufgaben übernehmen Sie selbst, welche werden Sie delegieren? Unter Zeitdruck müssen Sie also Entscheidungen treffen. Machen Sie sich Notizen dazu. Man wird Ihnen anschließend darüber Fragen stellen.

Fallstudien und Planspiele

Fallstudien und Planspiele sind Gruppendiskussionen ähnlich, aber im Unterschied zu diesen wird Ihnen nicht ein allgemeines Thema gestellt, sondern eine speziellere Aufgabe aus der Arbeitswelt. Man übergibt Ihnen umfangreiches Material, das Sie bearbeiten müssen, um zu einem Ergebnis zu kommen. Dazu brauchen Sie möglicherweise auch Fachwissen und Kenntnisse in Mathematik. Sie sind beispielsweise der/die Firmenchef/in eines Maschinenbauunternehmens, das von Insolvenz bedroht ist. Versuchen Sie zusammen mit Ihren Beratern, es doch noch zu retten. So könnte eine Aufgabe lauten. Nicht nur das Ergebnis, sondern auch die Entscheidungsfindung wird beobachtet.

Präsentationen

Vielleicht bittet man Sie, über eine Gruppendiskussion oder ein Planspiel einen Kurzvortrag zu halten. Möglicherweise erhalten Sie auch ein allgemeines Thema, das wahrscheinlich dem beruflichen Umfeld der Stelle entnommen ist. Medien wie Tageslichtprojektor oder Flipchart stehen Ihnen sicher zur Verfügung. Nun müssen Sie zeigen, wie Sie in einer kurzen Vorbereitungszeit Ihre Gedanken aufbereiten und gut gegliedert mit überzeugender Stimme leicht verständlich vortragen und illustrieren.

Vorstellungsgespräch

Oft ist ein erfolgreiches Vorstellungsgespräch Voraussetzung für eine Einladung zu einem Assessment Center. Wenn dies nicht der Fall ist, müssen Sie wahrscheinlich gegen Ende der Veranstaltungsreihe mit einem Einzelinterview rechnen. Dies dürfte Ihnen keine Schwierigkeiten bereiten, wenn Sie die Vorschläge in den vorausgehenden Abschnitten beachten.

Versteckte Übungen

Wie ein einfaches Vorstellungsgespräch beginnt auch ein Assessment Center in dem Moment, da Sie das Firmengelände betreten und endet, wenn Sie es verlassen. Denken Sie daran, dass Sie auch in den Pausen, während der Mahlzeiten oder während eines geselligen Beisammenseins beobachtet werden. Man wird Ihnen Fragen stellen, um mehr über Sie zu erfahren, und man erwartet von Ihnen intelligente Fragen über die Firma, die Sie vorbereitet haben. Selbst Ihr Takt und Ihre Eloquenz im Small Talk wird die Beobachter interessieren.

Bewerbungsgespräche und Assessment Center dienen nicht nur der Firma, für freie Stellen geeignete Kandidaten zu finden; sie dienen auch Ihnen, sich zu informieren, ob Sie für diese Firma arbeiten wollen. Vielleicht erkennen Sie, dass die erstrebte Stelle nicht Ihren Wünschen und Fähigkeiten entspricht. Vielleicht kommt auch die Firma zu dieser Erkenntnis und zieht einen anderen Bewerber vor. Dann ist das für Sie keine negative Entscheidung. Für eine andere Stelle sind Sie der beste Kandidat.

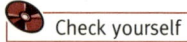 Check yourself

IV Gehaltsverhandlung

IV Gehaltsverhandlung

Bei Bewerbungen um Praktikantenstellen spielen Gehaltsverhand-lungen gewöhnlich keine große Rolle. Die Wahl der Firma und die angestrebte Tätigkeit sind hier weitaus wichtiger als das Gehalt. Dennoch möchten Sie nicht umsonst arbeiten. Sprechen Sie also die Vergütung schon im Anschreiben an, es sei denn, es ist bekannt, dass der Arbeitgeber Praktikanten eine angemessene Entlohnung anbietet. Sie können darauf hinweisen, dass Sie während der Praktikantenzeit bestimmte Ausgaben haben werden (Zimmer, Verpflegung, Fahrten zum Arbeitsplatz), dass aber das Thema Entlohnung nicht im Vordergrund steht. Dadurch entschärfen Sie die mögliche Befürchtung eines Arbeitgebers, er müsse Ihnen ein gutes Gehalt zahlen. In den meisten Fällen können Sie die Fairness der Firma voraussetzen. Bitten Sie daher, eine Vergütung vorzuschlagen, die für das Land und die Region zur Deckung der Grundbedürfnisse angemessen ist.

Für Berufseinsteiger haben die meisten Firmen, insbesondere die großen, feste Gehaltstabellen. In diesen Fällen gibt es wahrscheinlich wenig Spielraum für Verhandlungen über Gehalt und Vergünsti-gungen. Dennoch ist es von Vorteil, das durchschnittliche Anfangs-gehalt zu kennen, das Konkurrenzfirmen für eine solche Stelle bieten. Ungleich wichtiger als für Praktikanten und Berufseinsteiger sind Gehaltsverhandlungen für diejenigen, die sich um Positionen auf der mittleren oder höheren Führungsebene bewerben. Solche Stellen sind für den Erfolg der Firma entscheidend, so dass diese oft gern bereit ist, flexibel und großzügig zu sein, um erfahrene Fachleute zu gewinnen oder gar von anderen Firmen abzuwerben.

© United Feature Syndicate, Inc./ kipkakomiks.de

Sind die folgenden Ratschläge gut oder schlecht?

1 Fragen Sie beim Vorstellungsgespräch nach dem zu erwartenden Gehalt. Es ist für Ihre eigene Entscheidung wichtig, Ihr Gehalt zu kennen.
2 Wenn Sie beim Vorstellungsgespräch gefragt werden, welche Gehaltssumme Sie erwarten, dann geben Sie eine Gehaltspanne an.
3 Beginnen Sie die Vertragsverhandlung mit dem Wichtigsten, der Frage nach dem Gehalt.
4 Betrachten Sie eine Vertragsverhandlung als ein Tauziehen. Jeder wird versuchen zu gewinnen.
5 Wenn Sie bei der Vertragsverhandlung gefragt werden, welches Gehalt Sie erwarten, dann fragen Sie, wie viel geboten wird.
6 Bitten Sie um eine schriftliche Aufzeichnung Ihrer Vereinbarungen.

1 Ein schlechter Rat: Wenn Sie schon beim Vorstellungsgespräch nach dem Gehalt fragen, hinterlassen Sie den Eindruck, dass es Ihnen nur ums Geld geht und nicht um die bevorstehenden Aufgaben. Es bringt Ihnen ohnehin nichts, die Gehaltssumme zu kennen, solange Ihnen die Stelle nicht angeboten wird.
2 Ein guter Rat: Verhandeln Sie um die Gehaltshöhe erst, nachdem Ihnen die Stelle angeboten wurde. Vorher haben Sie noch keine „Hebelkraft", ein gutes Ergebnis zu erzielen. Wenn Sie Ihre Gehaltsvorstellungen zu früh preisgeben, haben Sie später kaum noch eine Möglichkeit, diese zu korrigieren. Das kann nötig werden, wenn Ihr Arbeitgeber mit den Zulagen geizt.
3 Ein schlechter Rat: Gerade weil die Gehaltshöhe für Sie vermutlich der wichtigste Punkt ist, sollte er zuletzt behandelt werden. Wenn die Zulagen und Nebenleistungen für Sie gut ausfallen, können Sie bei der Gehaltsfrage flexibler sein. Anderenfalls haben Sie beste Argumente, mehr Gehalt zu fordern.
4 Ein schlechter Rat: Natürlich geht es bei Vertragsverhandlungen um Geben und Nehmen, aber beide Parteien sind gut beraten, ein „win-win" Ergebnis zu erreichen.
5 Ein guter Rat: Derjenige, der zuerst eine Summe nennt, ist immer im Nachteil. Das weiß der Arbeitgeber und versucht, Ihnen Ihre Gehaltsvorstellung zu entlocken, bevor er sich selbst äußert. Widerstehen Sie dieser Verlockung.
6 Ein guter Rat: Auch ein ehrlicher Mensch vergisst oder verwechselt manches. Ein vertrauenswürdiger Arbeitgeber wird Ihnen die ausgehandelten Details gern schriftlich bestätigen.

Wie bereitet man sich auf Gehaltsverhandlungen vor? Welche Strategien führen zu den besten Ergebnissen?

- Berechnen Sie vor den Verhandlungen Ihr Gehaltsminimum
  Bestimmen Sie als erstes die Summe, die Sie benötigen, um alle Ihre üblichen Rechnungen bezahlen zu können. Dann bleiben Ihnen später böse Überraschungen erspart. Wenn das Angebot eines Arbeitgebers darunter liegt, müssen Sie sich um eine andere Stelle bemühen. Listen Sie also alle regulären Ausgaben auf, und berechnen Sie an Hand von Kontoauszügen die Kosten, die Ihnen während eines Jahres entstehen, auch wenn dies eine mühselige Arbeit ist. Berücksichtigen Sie neue Kosten und Anpassungen wie eine höhere Miete oder den Umzug in eine größere Stadt. Beachten Sie dabei, welche Auswirkungen bestimmte vertraglich festgelegte Zulagen und Nebenleistungen auf Ihre Gehaltserwartung haben können.

- Erkundigen Sie sich, welche Gehaltsspanne für die ausgeschriebene Stelle realistisch ist
  Erkundigungen über Gehälter zahlen sich aus. Wenn Ihre Gehaltsvorstellung merklich über oder unter der Spanne liegt, die für vergleichbare Stellen üblich ist, dann sind Sie in beiden Fällen kein/e ideale/r Bewerber/in. Entweder Sie werden enttäuscht darüber sein, was der Unternehmer Ihnen realistischerweise anbieten kann, oder die Enttäuschung kommt später, wenn Sie entdecken, wie wenig Sie im Vergleich mit anderen verdienen, die ähnliche Positionen innehaben. In jedem Fall verrät die Angabe einer unrealistischen Summe, dass Sie über den Arbeitsmarkt schlecht informiert sind. Ein/e gut unterrichtete/r Bewerber/in dagegen wird sofort erkennen, ob sein zukünftiger Arbeitgeber das übliche Gehalt zu zahlen bereit ist oder ob Konkurrenzunternehmen mehr bieten. Er hat dann gute Argumente für eine höhere Forderung. Denken Sie an die Tausende von Pfund, Dollar oder Euro, die Sie vielleicht jährlich mehr verdienen, wenn Sie sich rechtzeitig erkundigen.

- Suchen Sie zuverlässige Informationsquellen
  Wie erhält man Informationen über Gehälter? Konsultieren Sie das Arbeitsamt, die Industrie- und Handelskammer, die Gewerkschaften, Ihre Hochschulbibliothek oder die Kienbaum- und Staufenbiel-Berichte, wenn sich die betreffende Firma im deutschsprachigen Gebiet befindet. Hochschullehrer wissen über das Gehalt ihrer Absolventen gewöhnlich gut Bescheid. Auch Ihre Networkingkontakte (siehe Kapitel V) können Ihnen weiterhelfen.

Im Falle einer Bewerbung im englischsprachigen Ausland kommen Sie am besten durch Internet-Recherchen ans Ziel. Achten Sie, wenn möglich, auf Gründe für Gehaltsunterschiede (siehe VI.2.4). Es gibt eine weitere Möglichkeit, die Gehaltspanne für die ausgeschriebene Stelle auszuloten. Sie können die Gehälter für die Stellen in Erfahrung bringen, die in der Hierarchie gerade über oder unter der angestrebten Position liegen. Die Vergütung entspricht dann wahrscheinlich einem Zwischenwert.

 Kontaktadressen

- **Vermeiden Sie Gehaltsdiskussionen, bevor klar ist, dass man Sie einzustellen wünscht**

Im schlimmsten Fall interessiert sich der Arbeitgeber nur für Ihren Gehaltswunsch. Dies ist ein Anzeichen für einen von gleich qualifizierten arbeitslosen Kandidaten überschwemmten Markt, und der Unternehmer sucht sich den aus, der die geringsten Ansprüche stellt. Wenn Ihnen das Wasser bis zum Hals steht, dann müssen Sie wohl oder übel den Betrag nennen, der für Sie gerade noch akzeptabel ist.

Corel Library

In den meisten Fällen jedoch können Sie über das Gehalt verhandeln, und die richtige Zeit dafür ist, nachdem der Arbeitgeber signalisiert hat, dass er Sie einstellen möchte. Verfrüht ist eine Gehaltsdiskussion, bevor nicht alle der folgenden Bedingungen erfüllt sind:

- Sie haben eine gründliche Kenntnis über die Firma und den Arbeitsplatz.
- Die Firma hat eine gründliche Kenntnis über Sie und kann Ihre Eignung für die Stelle beurteilen.
- Sie sind bereit, für die Firma zu arbeiten.
- Die Firma ist bereit, Sie einzustellen.

Wenn der Unternehmer Sie bittet, Ihre Gehaltswünsche zu nennen, bevor alle diese Bedingungen erfüllt sind, können Sie etwa folgendermaßen antworten:

- I'll gladly come to that, but first I'd like to know more about your company/the position you are offering.
- I still need to understand more about the company and the position, and you still have to evaluate how well suited I am for the position offered. Therefore, it doesn't seem to me to be the right moment yet to discuss salary expectations.

Denken Sie daran, dass es höchst riskant wäre, zu schnell einem bestimmten Gehaltsangebot zuzustimmen. Zuerst sollten Sie über verschiedene andere wichtige Punkte wie Zulagen und Nebenleistungen Bescheid wissen, bevor Sie sich auf eine Gehaltssumme festlegen. Üblicherweise dient die erste Begegnung mit einem potentiellen Arbeitgeber dazu zu sondieren, ob Sie für die Firma zu arbeiten bereit sind und ob der Unternehmer Ihnen die Stelle anbieten möchte. Gewöhnlich braucht dieser einige Tage, um alle Vorstellungsgespräche durchzuführen und sich für eine/n Bewerber/in zu entscheiden. Dann folgt eine zweite Begegnung, um die Einzelheiten des Vertrags auszuhandeln.

Falls der Unternehmer die Diskussion über das Gehalt nicht aufschieben will und darauf besteht, dass Sie einen Gehaltswunsch nennen, dann bleibt Ihnen als letzter Ausweg, eine Gehaltsspanne anzugeben. Versichern Sie dann, dass Sie gern präzisere Angaben machen werden, wenn Sie über die Firma, die betreffende Stelle und die übrigen vertraglichen Bedingungen, die man Ihnen anbietet, besser informiert sind. Diese Taktik erlaubt Ihnen einen gewissen Handlungsspielraum, wenn es an der Zeit ist:

- I would like to be earning something in the range of 40 to 50,000 Dollars, depending on the responsibilities of the position and on the assortments of benefits and bonuses which come with the contract.

Unter Umständen möchten Sie schon beim ersten Gespräch erfahren, welche Bezüge der Unternehmer anzubieten bereit ist. Dies kann dann der Fall sein, wenn Sie schon ein anderes Stellenangebot haben. Handelt es sich nur um eine Praktikantenstelle, dann kann diese Information schon den Ausschlag für eine Entscheidung geben, ohne dass eine zweite Begegnung nötig ist. Im Falle eines Berufseinstiegs jedoch empfiehlt es sich, die Annahme der Stelle so lange wie möglich aufzuschieben (natürlich ohne das Angebot zu gefährden). Sobald Sie die Mitteilung erhalten, dass auch der zweite Unternehmer Ihnen eine Stelle anbietet, sollten Sie mit dem ersten Arbeitgeber schnellstmöglich ein weiteres Treffen vereinbaren, um den Vertrag auszuhandeln. Dann erst entscheiden Sie, welches Angebot für Ihre Karriere am günstigsten ist.

- Verhandeln Sie zuerst über Zulagen und Nebenleistungen
Bevor Sie das Gehaltsangebot des Unternehmers oder eine genauere Summe innerhalb der von Ihnen vorgeschlagenen Spanne zum

Gesprächsthema machen, sollten Sie wissen, welche Zulagen und Nebenleistungen im Angebot enthalten sind. Hier können ein Mitarbeiter-Handbuch der Firma oder Informationsbroschüren, die Sie im Vorfeld angefordert und studiert haben, von großem Nutzen sein. Verhandeln Sie also nicht über ohnehin gewährte sondern über weitergehende Zulagen. Häufig gewähren Firmen die folgenden Vergünstigungen, über die oft Verhandlungen möglich sind:

Sofort wirkende finanzielle Regelungen
- Leistungszulagen oder jährliche Zulagen
- Erwerb von Aktien oder Firmenanteilen
- Kranken- und Unfallversicherung
- Familienlebensversicherung oder ergänzende Lebensversicherung
- Umzugszuschüsse (oft auf Kreditbasis abhängig von der Beschäftigungsdauer)
- Unterstützung bei Finanzplanungen
- Zuschüsse zu Hypotheken (zum Kauf oder zur Renovierung eines Hauses)
- eventuell Konto zur Spesenabrechnung

Später wirkende finanzielle Regelungen
- Gehaltserhöhungen in bestimmten Zeiträumen
- kurz- oder langfristige Ausgleichszahlungen bei Arbeitsunfähigkeit
- Vereinbarungen über Gehaltsfortzahlungen im Fall von Tod oder Arbeitsunfähigkeit

Sonstige Begünstigungen
- Arbeitszeitvereinbarungen (flexible Arbeitszeit, Überstundenzuschläge etc.)
- Bereitstellung eines Autos, Zuschusszahlungen, Versicherung, Wartung, Benzin oder eine Kombination dieser Nebenleistungen
- Kinderbetreuungseinrichtungen
- Mitgliedschaft in Sportclubs und Fitness Studios
- Urlaub und Flexibilität der Urlaubsplanung

Erst nachdem die Verhandlungen über die obengenannten Zulagen und Nebenleistungen zur beiderseitigen Zufriedenheit abgeschlossen und alle Zweifelsfälle geklärt sind, ist die Zeit gekommen, die Gehaltsverhandlungen wieder aufzunehmen. Offensichtlich werden Ihre Gehaltserwartungen umso höher sein, je weniger Sie an Zulagen/Nebenleistungen erhalten. Um der

Klarheit willen empfiehlt es sich, dass sowohl die Monats- als auch die Jahresvergütung mit einem eventuellen 13. Monatsgehalt oder *Christmas bonus* (Weihnachtsgratifikation) angegeben wird.

- Verhandeln Sie so, dass der Unternehmer als erster eine Gehaltssumme nennt

Sicherlich möchten Sie so viel verdienen, wie der Unternehmer für Ihre Dienste gerade noch zu zahlen bereit ist. Andererseits möchte dieser Sie für ein Minimalgehalt beschäftigen, das Sie für Ihre Arbeit gerade noch akzeptieren würden. Der Verlauf des Gehaltspokers wird vor allem durch eine Regel bestimmt: Wer zuerst eine Gehaltssumme nennt, ist im Nachteil. Der Kontrahent kann dann seine Strategie darauf einstellen.

Wählen wir ein Beispiel. Angenommen, der Unternehmer wäre bereit, maximal jährlich 40 000,– Dollar für die betreffende Stelle auszugeben. Er verrät sein Geheimnis zunächst nicht. Nennen Sie zufällig diese Summe als Ihren Gehaltswunsch, wird der Unternehmer sicher Argumente finden, die Summe noch etwas zu drücken. Geben Sie 30 000.– Dollar an, wird er sich freuen, 10 000.– Dollar zu sparen, vielleicht sogar noch mehr. Zudem wird er erkennen, dass Sie über die durchschnittliche Vergütung vergleichbarer Stellen keine Ahnung haben. Das letztere gilt auch, wenn Sie 50 000.-Dollar angeben. Nennt andererseits der Unternehmer als erster einen Betrag, dann können Sie versuchen, diesen nach oben zu korrigieren und so ein Gehalt zu erreichen, das vielleicht höher liegt als die Summe, die Sie selbst vorgeschlagen hätten.

Corel Library

Erfahrene Unternehmer wissen natürlich, dass es ein Vorteil für sie ist, wenn Sie Ihren Gehaltswunsch zuerst nennen, bevor sie selbst verraten, was sie bereit wären, für die Stelle anzubieten. Hüten Sie sich deshalb vor unschuldig klingenden Fangfragen:

- What kind of salary are you looking for?
- How much salary do you expect to earn?

Umgehen Sie die Falle clever mit einem freundlichen Lächeln und einer Gegenfrage, wie z. B.

- Good question. I've thought a lot about that and would like to know how much you usually offer for the position.
- Thank you for showing interest in me. I find the position a wonderful challenge. How much salary would you like to offer for the position?
- Well, since you have created this challenging position you should have a concrete idea how much it is worth to you. I'd be interested in knowing what that is.

Versuchen Sie also die Kontrahenten zu bewegen, ihre Karten zuerst auf den Tisch zu legen. Bewahren Sie ein professionelles Pokergesicht, das Selbstvertrauen ausstrahlt, und warten Sie geduldig auf die Antwort. Vermitteln Sie nicht den Eindruck eines Dogmatikers; seien Sie vielmehr freundlich, liebenswürdig und doch standhaft. Versucht der Unternehmer abermals, Ihnen Ihren Gehaltswunsch zu entlocken, könnten Sie so antworten:

I greatly appreciate your interest in hiring me. You would make my decision for your company easier, if you began the salary negotiations with a concrete offer.

Dann warten Sie auf die Antwort. Es ist ein Spiel, bei dem Sie nicht die Nerven verlieren dürfen. Geben Sie Ihren festen Standpunkt nicht deshalb auf, um dem Interviewer einen Gefallen zu tun. Es ist in Ihrem Interesse, mit der Gegenseite freundlich, aber professionell weiterzuverhandeln. Wenn diese wirklich glaubt, dass Sie als bestqualifizierter Kandidat Ihren Preis wert sind, wird sie den ersten Schritt tun, den Preis nennen und zahlen.

- Bemühen Sie sich um ein „win-win" Ergebnis. Über alle vernünftigen Anliegen lässt sich verhandeln. Die ersten Angebote sind selten auch die letzten. Während einige Standpunkte für den Arbeitgeber vielleicht unverrückbar sind, gibt es einen großen Spielraum bei anderen. Bemühen Sie sich bei Verhandlungen um eine offene und freundliche Atmosphäre, in der Sie freimütig sprechen können. Beide Parteien sollten daran interessiert sein, einen goldenen Mittelweg zu finden, bei dem es keine Verlierer gibt.

- Prüfen Sie, inwieweit der Unternehmer bereit ist, die Gehaltssumme zu erhöhen. Sie können testen, ob die Summe, die der Unternehmer genannt hat, sein letztes Angebot ist. Bitten Sie um ein höheres Gehalt, besonders wenn das Angebot unter dem Durchschnitt oder unter dem eines Konkurrenten liegt. Denken Sie daran, dass FH-Absolventen oft eine geringere Vergütung erhalten als Absolventen von Universitäten, obwohl das meist nicht gerechtfertigt ist. Sie könnten etwa so argumentieren:

  - I am somewhat disappointed by your salary offer because it lies below the local average one can expect for such a position.
  - Oder: ... because it lies below what your competitors are presently offering.

Auch wenn das Angebot gleich oder höher ist als das von Konkurrenzfirmen, könnten Sie dennoch versuchen, es zu verbessern:

  - I understand the constraints *[Zwänge]* that your company may be operating under in these difficult times, but I believe that my productivity is worthy of a salary in the range of ...

Erinnern Sie den Unternehmer daran, dass Sie für seine Firma Geld verdienen beziehungsweise Geld sparen können, da Sie bereits über wertvolle Arbeitserfahrungen verfügen und daher ein höheres Gehalt gerechtfertigt ist. Das mag nicht leicht sein, aber wer nichts wagt, der gewinnt nichts.

- Prüfen Sie, dass Ihr Arbeitsvertrag folgende Punkte enthält:
  - Bezeichnung der Vertragspartner
  - Aufgabengebiete
  - Arbeitszeit/Urlaub
  - Vertragsbeginn (ggf. -ende) / Probezeit
  - ggf. Wettbewerbsvereinbarung [„competitive restriction" = es darf nicht zur Konkurrenz gewechselt werden]
  - Arbeitsentgelt/Sozialleistungen
- Vergleichen Sie im Falle eines Stellenwechsels genau alle Bedingungen. Kandidaten, die um einer Gehaltserhöhung willen ihre Stelle wechseln, übersehen häufig, dass ihr neues Gehalt manch-

mal jahrelang eingefroren bleibt. Ein Stellenwechsel kann daher letztendlich zu einem Verlust führen, ohne dass Sie dies zur Zeit der Verhandlungen erkennen.

- Bitten Sie um eine schriftliche Festlegung aller Vereinbarungen. Achten Sie auf jeden Fall darauf, dass das Vereinbarte schriftlich fixiert wird, entweder im Vertrag selbst oder in einem Zusatzschreiben. Mündliche Zusagen sind nicht bindend und werden oft nicht eingehalten. Auf das Gedächtnis und auf die Fairness des Unternehmers können Sie sich nicht unbedingt verlassen.

- Bereiten Sie sich auf Ihre nächste Gehaltserhöhung oder Bewerbung vor. Sicherlich sind die neue Stelle und das neue Gehalt nicht Ziel und Gipfel Ihrer Karriere. Planen Sie deshalb schon den nächsten Schritt. Machen Sie zur Vorbereitung dazu wöchentlich Notizen über Ihre Leistungen. Versäumen Sie dies nicht! Sie werden erstaunt sein, wie oft Vorgesetzte vergessen, was Sie geleistet haben. Niemand wird Ihre Erfolge aufzeichnen, wenn Sie es nicht selbst tun. Diese Aufzeichnungen können Sie von Zeit zu Zeit in einem Ordner zusammenfassen, und wenn die Chance einer Gehaltserhöhung kommt, Ihrem Vorgesetzten vorlegen. Eine solche Leistungsbilanz ist nicht zuletzt bei neuen Bewerbungen von unschätzbarem Wert.

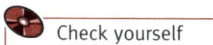 Check yourself

© United Feature Syndicate, Inc./ kipkakomiks.de

V Networking

V Networking

Was ist Networking?

Networking bedeutet, sich systematisch ein Netzwerk von Kontaktpersonen aufzubauen, die bei der Stellensuche helfen können. Dabei sind alle diejenigen Personen wichtig, die in der Lage sind,

– für Sie nach interessanten freien Stellen Ausschau zu halten,
– für Sie erste Kontakte zu potentiellen Arbeitgebern zu vermitteln,
– durch Mundpropaganda für Sie zu werben,
– Informationen über Firmen, deren Beschäftigungsbereiche und über die Marktentwicklung zu geben und
– Kontakte zu anderen Personen zu knüpfen, die Ihnen weiter helfen können.

Networking dient also dazu, Kontakte zu möglichst vielen potentiellen Arbeitgebern zu knüpfen und sich Auskunft über freie Stellen zu verschaffen.

Warum Networking?

In den USA werden nur etwa 20–30% aller Stellen über Anzeigen in Zeitschriften oder im Internet besetzt. Auch in anderen englischsprachigen Ländern werden die meisten Stellen firmenintern, über Beziehungen oder Mundpropaganda vergeben. Der Hauptgrund dafür ist, dass die Arbeitgeber so schnell und so einfach wie möglich passende Bewerber finden möchten. Wenn eine genügend qualifizierte Person zur Verfügung steht, liegt es nahe, diese einzustellen und sich dadurch eine zeitraubende und teure Kandidatensuche und -auswahl zu ersparen.

Corel Library

Statt in den Wettbewerb um eine der wenigen öffentlich ausgeschriebenen Stellen zu treten, sollten Sie sich also bemühen, Zugang zu den vielen nicht ausgeschriebenen Stellen zu erhalten, denn hier sind Ihre Chancen deutlich größer. Networking ist der Schlüssel dazu. Es hilft Ihnen, offene Stellen zu finden und ihrem potentiellen Arbeitgeber mitzuteilen, dass Sie eine Beschäftigung in einem bestimmten Bereich suchen. Networking überbrückt damit die Informationslücke zwischen Ihnen und Ihren potentiellen Arbeitgebern.

1 Auf welchem Wege werden in den USA die meisten offenen Stellen besetzt? Durch Arbeitsvermittlung, durch Zeitungsannoncen, durch persönliche Kontakte?
2 Was ist unter Networking zu verstehen?

V.2 Test yourself

1 Durch persönliche Kontakte. Bei der Besetzung vieler Arbeitsstellen ziehen die meisten Firmen es vor, keinen großen Aufwand zu treiben. Falls geeignete Anwärter aufgrund interner Bewerbung oder aufgrund von Kontakten zur Verfügung stehen, dann wird das Unternehmen in der Regel Stellen besetzen, ohne an die Öffentlichkeit zu gehen. Diesen extensiven Stellenmarkt können Sie sich durch Networking erschließen.
2 Unter Networking versteht man den Aufbau eines Netzwerks von Kontaktpersonen, die bei der Stellensuche behilflich sein können. Wenn Sie Freunde und Bekannte für Ihre Arbeitsuche mobilisieren, jedem aussichtsreichen Hinweis nachgehen, Firmen und Industriebranchen recherchieren und Ihre Ergebnisse systematisch erfassen, dann haben Sie schon eine Vollzeitbeschäftigung, durch die sich Ihre Chancen am Arbeitsmarkt enorm erhöhen.

Lösungen und Tipps

Der erste Schritt ist das Erstellen einer Networking-Datenbank. Schreiben Sie dazu zunächst die Namen aller Personen auf, die Ihnen bei der Stellensuche nützlich sein könnten. Teilen Sie nun die Personen nach ihrem persönlichen Bekanntheitsgrad in drei Gruppen ein:
I nahe Verwandte und Freunde – „auf diese Personen kann ich zählen"
II Kollegen und Bekannte – „diese Personen werden mir vermutlich helfen"
III bisher noch nicht persönlich Bekannte – „diese Personen könnten bereit sein, mir zu helfen"
Ordnen Sie dann Ihre Liste nach der Priorität, die diese Personen bei der Arbeitsuche für Sie haben:
A Sie sind in der Lage mich einzustellen, mich in Kontakt mit möglichen Arbeitgebern zu bringen, mich über freie Stellen zu informieren oder mich mit anderen wichtigen Informationen zu versorgen.
B Sie sind möglicherweise in der Lage, dies für mich zu tun.
C Sie könnten für mich mindestens nach freien Stellen Ausschau halten.

V.3 Schritte zur Vorbereitung
Wie funktioniert Networking?

Je länger Ihre Namensliste wird, um so wichtiger wird wahrscheinlich für Sie eine solche Prioritätenliste. Ist die Zeit knapp, werden Sie ihre Kontakte vielleicht auf die wichtigste Personengruppe begrenzen. Benutzen Sie eine Kartei mit Karten oder eine Computerdatenbank, um ihre Kontakte zu verwalten. Nehmen Sie darin die folgenden Informationen auf und halten Sie sie immer auf dem neuesten Stand:

- Name der Kontaktperson
- Position/Titel
- Firma
- Geschäfts- und/oder Privatadresse
- Telefonnummer, Fax, E-Mail
- Bekanntheitsgrad (I – III: Verwandte/r, Bekannte/r, nicht persönlich bekannt/bekannt durch ...)
- Priorität (A – C)
- andere Kontakte, die diese Person vermitteln kann
- Erlaubnis, bei Kontaktaufnahme den Namen der Person zu nennen: Ja/Nein
- Datum und Art der Kontaktaufnahme
- Datum, Zeit und Ort des nächst geplanten Kontakts

Geraffte Selbst-darstellung

In der ersten Phase der Stellensuche werden Sie oft in die Lage kommen, sich anderen Personen vorzustellen. Sie werden die Art der von Ihnen gesuchten Beschäftigung kurz beschreiben müssen und darstellen, welche Leistungen Sie für einen potentiellen Arbeitgeber erbringen können. Seien Sie darauf vorbereitet. Legen Sie sich eine kompakte Selbstdarstellung zurecht, die Sie in weniger als einer halben Minute sprechen können, und üben Sie diese ein.

Eine solche geraffte Selbstdarstellung sollte die folgenden Informationen enthalten:

- Ihren Namen
- Ihren Beruf, gegenwärtigen Ausbildungsstand (Studierende/r oder Absolvent/in einer Hochschule) oder Beschäftigungsstatus (beschäftigt, arbeitslos, Karrierewechsel etc.).

Geben Sie weiterhin an,

- welche Art von Beschäftigung Sie suchen und
- was Sie einem Arbeitgeber anbieten können, insbesondere was Sie möglicherweise attraktiver macht als andere Kandidaten.

Fertigen Sie „Visitenkarten" mit Kontaktinformationen und einer Kompaktdarstellung Ihrer Qualifikationen an. Diese Kärtchen sind zur Weitergabe an Kontaktpersonen bestimmt. Halten Sie jederzeit auch eine mündliche Version parat, um unerwartet (z. B. bei überraschenden Begegnungen mit potentiellen Arbeitgebern und Personalmanagern oder im Falle von Anrufen) Ihren Werdegang prägnant darstellen zu können. Benutzen Sie diese Selbstdarstellungstechnik immer dann, wenn sie bei persönlichen Treffen, am Telefon, per Brief etc. mit unbekannten Personen einen ersten Kontakt aufnehmen. Das Einleiten eines Gesprächs mit jemandem, der Ihnen von einer anderen Person empfohlen wurde, könnte dann beispielsweise so ablaufen:

> Mein Name ist Angelika Berger. Ich habe Ihren Namen von Professor Wagner von der Fachhochschule Konstanz. Hätten Sie einen Moment Zeit für mich? [Nachdem der Gesprächspartner zugestimmt hat, fahren Sie fort.] Ich habe mein Studium dieses Jahr mit einem Diplom in Betriebswirtschaftslehre abgeschlossen und habe die letzten vier Monate für eine Firma als freie Mitarbeiterin gearbeitet. Ich suche jetzt eine Stelle bei einer Firma, die besonders im Bereich Vertrieb von Produkten oder Dienstleistungen in Lateinamerika tätig ist. Ich spreche fließend Spanisch. Weil ich außerdem ein sechsmonatiges Praktikum in Argentinien gemacht habe, konnte ich einen guten Eindruck von den Geschäftspraktiken in Südamerika gewinnen.

Wenn Sie das Gespräch auf Englisch führen, können Sie die folgenden Formulierungen verwenden:

> My name is Angelika Berger. I received your name from Professor Wagner at the University of Applied Sciences – Constance, Germany. Would you have a couple of minutes for me? [After receiving permission to proceed] I graduated from the university this year with a degree in Business Administration and have spent the past four months working on a temporary basis for a company. I am looking for an entry-level position in a company that markets products or services in Latin America. I am fluent in Spanish and, because I have served a six-month internship in Argentina, I have acquired a good sense of how business is conducted in South America.

 Wörterbuch

Nun müssen Sie die Kontaktpersonen über Ihre Stellensuche in Kenntnis setzen. Wie das in einem Gespräch geschehen könnte, wurde oben
erklärt. Eine andere nahe liegende Möglichkeit ist es, die Gruppen I und
II aus Ihrer Kartei oder Datenbank anzuschreiben. Wenn Sie ein
Textverarbeitungsprogramm besitzen, das Serienbriefe erstellen kann,
ist der Aufwand an Zeit und Mühe dabei gering.

Bitten Sie im ersten Absatz ihres Schreibens um Unterstützung bei Ihrer
Stellensuche. Erklären Sie im nächsten Abschnitt Ihre gegenwärtige
Situation in einem möglichst positiven Licht (vermeiden Sie Klagen!).
Beschreiben Sie dann, was die betreffende Person für Sie tun könnte
und bitten Sie diese, sich mit Ihnen in Verbindung zu setzen, wenn sie
Ihnen weiterhelfen kann. Kündigen Sie schließlich an, dass Sie in
jedem Fall innerhalb einer Woche bei ihr anrufen werden. Kümmern Sie
sich in den folgenden Tagen wirklich um alle eingehenden Hinweise
und machen Sie die versprochenen Telefonate.

Natürlich kann auch eine Kontaktaufnahme per Telefon zum Ziel führen.
Bitten Sie bei Ihrem ersten Anruf immer um Erlaubnis, sich nach einigen
Tagen wieder zu melden, und informieren Sie bei den Folgetelefonaten
die angerufenen Personen über alle Veränderungen, die ihre Stellensuche betreffen. Eine solche Telefonkampagne hat jedoch einen Nachteil. Wahrscheinlich werden die Angerufenen nicht alle Informationen
im Detail im Gedächtnis behalten (etwa die genaue Beschreibung der
Stelle, die Sie suchen), so dass ihre Unterstützung vielleicht weniger
wirksam ausfällt. Denjenigen, die bereit sind, Sie bei der Arbeitsuche
zu unterstützen, können Sie anschließend Lebenslauf und „Visitenkarte" (geraffte Selbstdarstellung) übermitteln (z. B. per E-Mail).

**Kontaktaufnahme mit
unbekannten oder
wenig bekannten
Personen**

Versuchen Sie sich zunächst darüber klar zu werden, was eine potentielle Kontaktperson, deren Namen Sie während ihrer Networking-
Aktivitäten erhalten haben, realistischerweise für Sie tun kann. Überlegen Sie dann, um was Sie diese Person bitten können:
- um Informationen über freie Stellen,
- um Vorstellung bei ihrem Chef/ihrer Chefin oder um Weiterreichung
  Ihrer Bewerbung,
- um Namen von weiteren Kontaktpersonen,
- um Ratschläge, wie Sie Ihre Bewerbung oder Stellensuche besser
  auf eine Firma oder einen Arbeitsbereich abstimmen können.

Gleichgültig, ob Sie den ersten Kontakt zu Fremden per Telefon oder
Brief aufnehmen, kommen Sie immer sofort zur Sache und sagen oder
schreiben Sie kurz, was Sie wünschen.

- Stellen Sie sich der Kontaktperson vor und erklären Sie, wie Sie ihren Namen erfahren haben.
- Sagen Sie, dass Sie eine Stelle suchen. (Das ist nichts, worüber man sich schämen müsste!)
- Erklären Sie, auf welche Weise die Person Ihnen behilflich sein könnte.
- Schlagen Sie ein Treffen vor. Falls das zu umständlich sein sollte, erklären Sie sich bereit, Informationen telefonisch auszutauschen.
- Bitten Sie darum, per Telefon oder Post verständigt zu werden, wenn man Ihnen helfen kann. (Vergessen Sie nicht, Ihre Telefonnummer und Anschrift mitzuteilen.)
- Bedanken Sie sich für die Hilfe.

Wenn Sie sich mit einer Kontaktperson treffen, denken Sie an die folgenden Punkte:
- Bemühen Sie sich, einen möglichst guten Eindruck zu erwecken. Ist Ihnen das gelungen, wird man gerne bereit sein, Sie weiter zu empfehlen.
- Seien Sie auf das Treffen vorbereitet. Gehen Sie mit klaren Vorstellungen in das Gespräch, wie diese Kontaktperson Ihnen bei der Arbeitssuche behilflich sein kann. Ihre Fragen sollten Sie ausgearbeitet und parat haben.
- Fragen Sie am Anfang des Gesprächs, wie viel Zeit man für Sie zur Verfügung hat. Dadurch zeigen Sie schon zu Beginn des Treffens, dass Sie die Hilfe Ihres Gesprächspartners zu schätzen wissen. Sollten Sie während des Gesprächs feststellen, dass Ihr Partner ungeduldig wird, dann schlagen Sie vor, das Treffen zu beenden.
- Machen Sie sich während des Gesprächs Notizen, ohne den Augenkontakt allzu oft zu verlieren. Das hilft, sich später wieder an die Informationen zu erinnern und schmeichelt nebenbei ihrem Partner.
- Sprechen Sie nicht über Ihre Probleme (z. B. Arbeitslosigkeit) oder darüber, welchen persönlichen Gewinn (Gehalt, Zusatzleistungen, Arbeitsbedingungen) Sie von einer Stelle erwarten. Beschreiben Sie statt dessen, wie Ihre Qualifikationen und Ihre Erfahrung einem potentiellen Arbeitgeber nutzen können.
- Erbitten Sie falls nötig Namen von weiteren Kontaktpersonen: *Do you know of anyone else who might be helpful for me to talk with?*
- Danken Sie Ihrem Partner für die Zeit und Hilfe. Ein zusätzliches kurzes Dankschreiben wird einen guten Eindruck hinterlassen. Am gleichen Tag schicken Sie einen Dankesbrief (siehe III.5.3) per Post oder E-Mail.

Was Sie vermeiden sollten

- Rufen Sie niemals Ihnen unbekannte Personen zu Hause an, es sei denn, es wurde Ihnen ausdrücklich erlaubt.
- Lassen Sie niemals ihren Gesprächspartner am Telefon lange warten (höchstens eine halbe Minute).
- Verweisen Sie niemals auf den Namen eines Ihnen Unbekannten, wenn Sie sich vorstellen.
- Benutzen Sie niemals ohne Erlaubnis den Namen der Person, die Ihnen die Kontaktperson genannt hat.
- Werden Sie niemals ungeduldig oder verärgert, wenn Ihnen jemand nicht weiterhelfen kann oder möchte.
- Setzen Sie niemals Ihre Gesprächspartner unter Druck.

Was Sie tun sollten

- Benutzen Sie die vielfältigen Möglichkeiten des Internets, um Arbeitsmarkt und Firmen zu recherchieren und Ihr Netzwerk von Kontaktpersonen zu pflegen (siehe Kapitel VI „Jobsuche und Bewerben mit dem Internet" unten.)
- Werden Sie aktiv in Institutionen (Verbänden, Interessengruppen), die auf Ihrem Arbeitsfeld tätig sind. Bei Treffen solcher Gruppen oder bei Stellenbörsen ist es in aller Regel einfacher, Menschen anzusprechen als an deren Arbeitsstellen. Nehmen Sie zu solchen Treffen Visitenkarten mit.
- Arbeiten Sie in freiwilligen Organisationen mit. Natürlich sollten Sie dabei in erster Linie an deren Arbeit interessiert sein. Andere freiwillig Tätige sind hilfsbereite Personen, die Ihnen bei der Arbeitssuche behilflich sein können. Solche Aktivitäten machen immer einen guten Eindruck in Ihren Bewerbungsunterlagen.

 Check yourself

VI   Jobsuche und Bewerben mit dem Internet

VI Jobsuche und Bewerben mit dem Internet

Gesucht und umworben ...

Vielleicht haben Sie ja schon einmal in Google ein Suchwort wie „job" oder „career" eingegeben. Innerhalb weniger Sekunden erhalten Sie dann mehr als 20 Millionen (!) Hinweise auf Internetressourcen, von denen ein großer Teil verspricht, Ihre Karriere befördern zu können. Oder Sie haben etwas gezielter im WWW nach einem Job oder einer Praktikumstelle gesucht. Dann sind Sie vermutlich ziemlich schnell bei den großen kommerziellen Job Sites gelandet (Monster.com, HotJobs.com, CareerBuilder.com, Stepstone.com, usw.). Dort bietet man Ihnen einen kostenlosen (aber nicht uneingeschränkt empfehlenswerten!) Komplettservice an: Vom Durchsuchen von umfangreichen Jobdatenbanken bis zum Stellengesuch. Gegen Bezahlung können Sie Ihre kompletten Online- und Papier-Bewerbungsunterlagen erstellen und/oder – nicht zu empfehlen - Ihren Lebenslauf gleich in bis zu 80 Jobdatenbanken unterbringen lassen.

Als Jobsuchende/r sind Sie im Internet offensichtlich heftig umworben. Sie könnten den Eindruck gewinnen, dass Sie lediglich online gehen müssten und sich der Angebote und Dienste von Internet Job Sites zu bedienen, um Ihren Traumjob zu finden. Das ist allerdings ein Irrtum. Noch ist der Prozentsatz der durch Job Sites vermittelten Stellen gering. Und selbst wenn Sie per Internet an geeignete Angebote gelangt sind, erreichen Sie Ihr Ziel nicht durch das Internet allein. Damit möchten wir Ihnen natürlich keineswegs von einer Jobsuche im Internet abraten. Um seine Möglichkeiten sinnvoll für sich nutzen zu können, bedarf es gründlicher Information und Vorbereitung.

Sie sollten sich darüber im Klaren sein,

– welche Art von Job für Sie in Frage kommt, das heißt Ihrer Persönlichkeit, Ihrer Ausbildung und Ihren Sprachkenntnissen entspricht,
– wie der Arbeitsmarkt für Ihren Wunschjob aussieht und welche gesetzlichen Regelungen für eine Arbeit in Ihrem Wunschland gelten,
– welche (Art von) Unternehmen für Sie als Arbeitgeber in Frage kommen,
– welche (weiteren) Möglichkeiten es gibt, per Internet offene Stellen ausfindig zu machen und
– welche Risiken mit dem Einstellen persönlicher Daten in Webformulare verbunden sind.

Zu allen diesen Fragen können Sie Antworten oder Entscheidungshilfen im Internet finden. Im Abschnitt 2 dieses Kapitels beschreiben
wir Ihnen wie und wo. Aus Platzgründen geben wir nur einige wichtige
Internetadressen (URIs) an, zahlreiche weitere finden Sie auf der CD.
Auch der Abschnitt „Kontaktadressen" auf der CD kann Ihnen an
einigen Punkten weiterhelfen.

Kontaktadressen

Wenn Sie anschließend das Internet für eine Bewerbung oder ein
Stellengesuch nutzen möchten, müssen Sie
– Ihren Lebenslauf in geeigneter Form erstellt haben,
und es ist oft von Vorteil,
– auf eine eigene Bewerbungshomepage und/oder ein Web-Portfolio
  verweisen zu können.
Schließlich werden Sie Ihren elektronischen Lebenslauf wahrscheinlich
– in ein Online-Formular eingeben bzw. kopieren oder
– per E-mail zusammen mit einem geeigneten Anschreibentext
  versenden wollen, und während Sie auf eine Antwort warten, sich
  vielleicht schon
– per Internet auf ein Vorstellungsgespräch vorbereiten.
Wie Sie diese Dinge am besten bewerkstelligen, erfahren Sie im
dritten Abschnitt dieses Kapitels.

Corel Library

Für die Vorbereitung und Planung Ihrer Jobsuche finden Sie im WWW eine immense Anzahl von Informationen, die Ihnen zumeist kostenlos, aber nicht immer uneigennützig angeboten werden. Jobsuchende auf Ihre Site zu locken ist für viele Sitebetreiber nicht zuletzt deshalb interessant, weil mit einem Stellengesuch, der Konfiguration eines Jobagenten, dem Abonnement eines Newsletters oder einer allgemeinen Registrierung als Benutzer viele persönliche Daten gesammelt werden können. Diese Daten werden häufig an Dritte weitergegeben – auch wenn sich die Sitebetreiber in Ihren *privacy statements* verpflichten, dies nicht zu tun. Ihre E-Mail-Benachrichtigungen oder Newsletter kommen nicht von dem Siteunternehmer direkt, sondern von einem dazu beauftragten anderen, üblicherweise einem Internet Marketing Dienstleister wie z. B. Doubleclick.net. Nun ist die Weitergabe der Daten erlaubt, weil sie zur Erbringung einer vom Kunden gewünschten Leistung notwendig ist. Sind Ihre Daten einmal in den Datenbanken solcher Drittunternehmen, dann können Sie davon ausgehen, regelmäßig mit Werbe-E-Mails versorgt zu werden.

Wir haben uns bemüht, in diesem Buch und auf der CD in erster Linie Links zu frei zugänglichen nützlichen Informationen aufzunehmen. Besonders Berufs- und Karriereinformationen sind in den letzten Jahren jedoch zunehmend von frei zugänglichen Sites oder Site-Bereichen verschwunden. Etliche nichtkommerzielle Sites wurden aufgekauft und deren Artikelbestände in registrierungspflichtige Bereiche der kommerziellen Websites gestellt. Wenn die angebotenen Informationen nützlich erschienen, haben wir dennoch auch Links zu letzteren Sites aufgeführt. Entscheiden Sie selbst, ob Sie Ihre persönlichen Daten dort einstellen möchten.

Beattie, Washington Times, Wednesday, July 5, 2000

2.1 Self-assessment

Ihre Jobsuche ist eine gute Gelegenheit, sich mit der eigenen Person zu beschäftigen: Welche konkreten Anforderungen stelle ich an einen Job oder eine Praktikumsstelle? Welche Tätigkeiten liegen mir und interessieren mich, welche Qualifikationen möchte ich noch erwerben oder vervollkommnen? Wie möchte ich arbeiten? – Selbständig oder im Team? Bin ich stressresistent, flexibel, lernbereit? – Antworten auf solche Fragen interessieren übrigens nicht nur Sie, sondern auch die Personal-Entscheider, denen Sie vielleicht später im Vorstellungsgespräch gegenübersitzen.

Im WWW finden Sie Selbsteinschätzungs-Tests *(self-assessment tests)* und berufsbezogene Persönlichkeitstests *(career tests)* verschiedener Art und mit unterschiedlichen methodischen Ansätzen.

Eine Anleitung für den Umgang mit solchen Tests sowie eine kurze Beschreibung und Bewertung einiger davon hat Dick Bolles in seiner „Job Hunter's Bible Online" (http://www.jobhuntersbible.com/counseling/) veröffentlicht.

Eine Übersicht von Sites mit *self-assessment* und *career tests* und eine Kurzbeschreibung bietet der Riley Guide (www.rileyguide.com/assess.html).

Auch die Job- und Karriereberatungs-Site Wetfeet.com (http://www.wetfeet.com), Sektion „manage your career / self assessment") ist ein guter Ausgangspunkt für Selbsteinschätzungs-Tipps und *self-assessment*-Tests.

Wechselnde deutschsprachige *self-assessment tests* bietet der Online-Hochschulanzeiger der FAZ (http://www.hochschulanzeiger.de/berufseinstieg_und_karriere/assessment.jsp) an. Über den Link dort gelangen Sie zu Assessment.com und müssen sich dort zunächst kostenlos registrieren.

> Weitere Links zu Persönlichkeits- und Karrieretests finden Sie auf der CD-ROM.

2.2 Sprachkenntnisse

Für fast alle Studienaufenthalte, Jobs oder Praktika im Ausland ist Englisch notwendig oder nützlich. Viele Stipendien- und Beihilfegeber verlangen den Nachweis von Englischkenntnissen.

Im Hochschulbereich am häufigsten verlangt bzw. anerkannt ist das TOEFL – Zertifikat (Test of English as a Foreign Language), in dem Verständnis und Verwendung des amerikanischen Englisch getestet wird. Informationen gibt es unter http://www.toefl.org/ und Aufgaben zum Üben finden Sie unter http://www.toefl.org/onsitetst/itpprac.html.

Weltweit anerkannt sind auch die verschiedenen britischen Cambridge Certificates (First Certificate in English, Certificate of Advanced English, Certificate of Proficiency in English, Business English Certificates, u. a.). Informationen zu allen von Cambridge ESOL (English for Speakers of Other Languages) angebotenen Zertifikaten finden Sie unter http://www.cambridge-efl.org/exam/ index.cfm.

Wenn Sie Ihr Englisch mithilfe des Internet noch ein wenig verbessern möchten, bieten sich Dutzende von kostenlos nutzbaren Sites an, z. B. der English Club (http://www.englishclub.com) oder das ESL-Cyber-Lab (http://www.esl-lab.com) wo Sie u.a. audiobasierte interaktive Übungen durchführen können.

2.3 Berufsbilder, Ausbildungswege, Qualifikationen

Für eine große Zahl deutscher Berufsbezeichnungen, Schul- und Hochschulabschlüsse gibt es im Englischen keine genauen Äquivalente. Die Schul- und Ausbildungssysteme unterscheiden sich im gesamten angloamerikanischen Bereich immer noch deutlich von den deutschen, und eine Lehre, die zu einem Ausbildungsberuf führt, ist unbekannt. Wenn Sie also nach einem bestimmten Berufsbild im englischsprachigen Ausland suchen, sollten Sie beachten, dass Ihre „deutschen" Vorstellungen von der Ausübung dieses Berufes wahrscheinlich von dem, was im Ausland von Ihnen verlangt wird, abweichen, und dass entsprechend auch unterschiedliche Einstiegsqualifikationen gefragt sind.

Wörterbuch/
Wörterlisten

In unserem Bewerbungswörterbuch auf der CD-ROM bieten wir Ihnen zu möglichen Übersetzungen von deutschen Berufsbezeichnungen und Abschlüssen auch eine kurze englische Beschreibung des Berufes bzw. eine kurze Liste von Tätigkeiten an, die unter das Berufsbild fallen. Benötigen Sie weitere Informationen, dann können Sie die dort vorgeschlagenen Übersetzungen in Internet-Suchmaschinen und -verzeichnissen eingeben.

Auch auf den folgenden Sites finden Sie nähere Angaben über bestimmte Berufe und Ausbildungswege: Career Info Net (USA) (http://www.acinet.org/acinet/default.asp); Wetfeet.com – Career Profiles (http://www.wetfeet.com/asp/careerlist.asp)

Allgemeine englische Beschreibungen von Berufen können Sie im australischen JobGuide (http://jobguide.dest.gov.au/) nachlesen.

In deutscher Sprache informieren archivierte Artikel des FAZ Hochschulanzeiger in der Rubrik „Berufseinstieg und Chance" unter http://www.hochschulanzeiger.de/berufseinstieg_und_karriere/faz_beruf_und_chance/index.jsp Sie über verschiedene, auch internationale Berufsbilder und Branchen (http://www.hochschulanzeiger.de/berufseinstieg_und_karriere/branchen/).

2.4 Arbeitsmarkt, Gehaltsübersichten

Wie gefragt Ihr Beruf in Ihrem Wunschland ist und wie viel Sie dort damit verdienen können, sind vermutlich wichtige Kriterien für Ihre Bewerbung. Entscheidungshilfen finden Sie z. B. auf den Internetseiten der deutschen Bundesanstalt für Arbeit unter http://www.arbeitsamt.de/hst/international/arbausl/index.html. Speziell für die USA bietet America's Career InfoNet (http://www.acinet. org/acinet/default.asp) und das US-amerikanische Arbeitsministerium im Career Guide to Industries (http://www.bls.gov/oco/cg/cg index.htm) auführliche und aktuelle Informationen. Für Australien finden Sie im CareerInformationServices (http://www.myfuture. edu.au/) in der Abteilung „facts" nützliche Links und Informationen.

Um einen ersten Überblick über das Jobangebot in einer bestimmten Region zu erhalten, könnten Sie eventuell eine Meta-Jobsuchmaschine nach Ihrem Wunschberuf befragen. Solche Suchmaschinen durchsuchen die Jobdantenbanken mehrerer Job Sites gleichzeitig. Viele der frei zugänglichen, kostenlosen internationalen Meta-Job-Suchmaschinen sind allerdings wenig seriös. Sie ignorieren die von Ihnen eingegebenen Suchkriterien schlichtweg und präsentieren Ihnen als Ergebnis eines Suchlaufs Seiten, von denen aus Ihr Bildschirm mit aggressiver Popup-Werbung gefüllt wird. Es gibt von solchen Sites auch Versuche, die Browserstartseite zu ändern oder Programme auf Ihrem Rechner zu installieren. Eine brauchbare deutsche Meta-Suchmaschine ist die Alta Vista Job Safari (http://altavista. jobsafari.de), von der man auch zu Meta-Suchmaschinen in einigen anderen Ländern gelangt. Eine weitere Alternative ist eventuell die Webseite Search-22 (http://www.search-22.com/jobs.html), von der aus Sie internationale Job Sites nacheinander durchsuchen können, oder Sie suchen gleich selbst in diesen Job Sites, dann können Sie genauere Suchkriterien bestimmen.

Wenn Sie wissen möchten, wie viel man in einem bestimmten Beruf in einer bestimmten Region verdient, so ist dies, zumindest für den amerikanischen Markt, per Internet leicht herauszufinden. Die beiden großen Internet-Gehaltsrechner, die als Partner von etlichen Job und Career Sites auftreten, sind Salary.com (http://www.salary.com) und Salaryexpert.com. (http://www.salaryexpert.com). Einzelne Artikel über Gehälter in verschiedenen Berufen finden Sie, indem Sie in einer Suchmaschine z. B. „salary reports England" eintippen.

2.5 Arbeitserlaubnis

Praktisch alle Staaten regeln Arbeitserlaubnis und Einwanderung mit jeweils für sie opportunen Gesetzen, d. h. Angebot und Nachfrage bestimmen für den Ausländer den Grad der Schwierigkeit, in einem bestimmten Land eine Arbeitserlaubnis zu erhalten. Offizielle Informationen über die Arbeits- und Einreisebestimmungen verschiedener Länder finden Sie fast immer auf deren regierungsoffiziellen Webseiten, die Sie am leichtesten über Yahoo! finden (http://dir.yahoo.com/Government/Countries/). Eine gute Einführung und Übersicht bietet auch das Arbeitsamt online unter http://www.arbeitsamt.de/hst/international/arbausl/index.html. Wir beschränken uns hier auf Kurzinformationen über einige wichtige englischsprachige Länder:

USA

Sie haben vermutlich schon gehört, dass man in den USA – mit viel Glück und bürokratischem Aufwand – jedes Jahr eine von rund 50.000 unbefristeten Arbeits- und Aufenthaltserlaubnissen in der so genannten *green-card lottery* gewinnen kann. Da aber nicht jede/r sich so auf sein Glück verlassen kann (oder alternativ eine/n US-amerikanische/n Staatsbürger/in heiraten möchte), kommt für die meisten, die dort arbeiten möchten, nur ein *non-immigrant* Visum in Frage. Dieses gibt es in verschiedenen Typen je nach Art der Arbeit oder dem eigenen Status (z. B. „F" für Studenten, „J" für Praktikanten, verschiedene „H" Typen für Einreisende mit bestehenden befristeten Arbeitsverträgen) und kostet, samt obligatorischer ärztlicher Untersuchung, z. Zt. rund 150 €. Einen Überblick über alle US Visa sowie die entsprechenden Antragsformulare zum Download bietet Ihnen Immigration Services unter http://www.us-immigration.org/index.htm. Beantragen können Sie Visa über die Botschaften und Konsulate der USA in Deutschland (Adressen siehe CD-ROM).

Kontaktadressen

Kanada

Wenn Sie in Kanada arbeiten möchten, müssen Sie zunächst einen Arbeitgeber finden, der Ihnen offiziell eine Stelle anbietet und das Angebot dem Human Resources Development Canada (HRDC) vorlegt. Diese Behörde überprüft, ob die Stelle nicht mit einem Kanadier zu besetzen ist. Bei für Sie positiver Entscheidung dürfen Sie dann bei CIC (Citizenship and Immigration Canada) eine befristete Arbeitserlaubnis beantragen. Einige Berufe sind allerdings über spezielle Förderungsprogramme (für spezielle Qualifikationen, Altenbetreuung, etc.) von diesem Verfahren ausgenommen. Über die genauen Modalitäten der Beantragung einer Arbeitserlaubnis informiert die Website des CIC (http://www.cic.gc.ca/english/work/).

Um in Australien arbeiten zu dürfen brauchen Sie einen festen Arbeitsvertrag schon bei der Einreise. Den bekommen Sie erst dann, wenn Ihr zukünftiger Arbeitgeber nachweisen kann, dass Ihre Stelle trotz all seiner Bemühungen nicht mit einem Einheimischen zu besetzen war. Mit einem solchen Arbeitsvertrag können Sie dann ein *temporary resident* Visum beantragen. Dieses gibt es mit verschiedenen Unterklassen (z. B. Subclass 442: Occupational Trainees), kostet ca. 90 €, erfordert eine Gesundheitsuntersuchung bei einem australischen Vertragsarzt und das Ausfüllen vieler Formulare. Über alle Visa-Typen, Einreise- und Arbeitsbestimmungen informiert umfassend die Website der australischen Einwanderungsbehörde (http://www.immi.gov.au/allforms/temp_res.htm). Auch hier finden Sie die wichtigsten Antragsformulare zum Download.

Australien

Vom Gesetz her unproblematisch ist das Arbeiten innerhalb EU-Europas. In den ersten Wochen reicht Ihr gültiger Reisepaß als Arbeitserlaubnis. Danach müssen Sie bei den jeweils zuständigen Behörden – in Großbritannien ist dies das für den Wohnort zuständige Social Security Office – eine Sozialversicherungsnummer (National Insurance Number [NI]) beantragen.

EU-Europa

Suchen Sie eine Praktikumstelle im Ausland, dann gelten oft Sonderregelungen. Gute Informationsquellen und praktische Hilfen bieten hier die Webseiten des DAAD (http://www.daad.de/ausland/de/3.5.4.html) und des angeschlossenen IASTE (International Exchange of Students for Technical Experience) Germany (http://www.iaeste.de/). Weitere Informationen finden Sie im Abschnitt „Kontaktadressen" auf der CD.

Praktika

2.6 Wohnen und Leben

Je mehr Sie über Ihr Wunscharbeitsland wissen, desto besser. Länderinformationen finden Sie im WWW an vielen Stellen, so zum Beispiel beim Deutschen Auswärtigen Amt (http://www.auswaertiges-amt.de/www/de/laenderinfos/), beim Arbeitsamt (http://www.arbeits amt.de/hst/international/laenderinfos/index.html), oder dem DAAD (http://www.daad.de/ausland/de/index.html).

Die Touristen-Organisationen und -Einrichtungen von Ländern, Regionen und Städten sind weitere Quellen, die Sie anzapfen können. Ein Verzeichnis vieler Tourismus Organisationen finden Sie im Tourism Offices Worldwide Directory (http://www.towd.com/).

Auch Wetfeet.com International (http://www.wetfeet.com/research/countries.asp) bietet Länderinformationen. Dort finden Sie sogar Informationen über eine Reihe von meist amerikanischen Städten (http://www.wetfeet.com/research/locations.asp). Selbst zusammenstellen können Sie sich Ihr Bild vom Wohnen und Leben und der Kultur des Wunscharbeitsortes mithilfe von Informationen, die Sie bei Yahoo! (http://dir.yahoo.com/Society_and_Culture/Cultures_and_Groups/Cultures/) recherchieren, oder natürlich auch, indem Sie einfach den Namen Ihrer Wunschstadt oder Region in eine allgemeine Suchmaschine eingeben.

2.7 Unternehmensinfos

Möglichst viel über Ihre potentiellen Arbeitgeber zu erfahren nützt Ihnen auf zweifache Weise: zur Entscheidung, ob Sie überhaupt für ein bestimmtes Unternehmen arbeiten möchten, und bei der Formulierung Ihres Anschreibens, eventuell auch Ihres Lebenslaufs. Welche Produkte werden hergestellt, welche Standorte gibt es, wie hat sich das Unternehmen in den letzten Jahren entwickelt, wo gibt es vermutlich neue Stellen, welche Personen sind in der Unternehmensleitung, wer ist verantwortlich für den Bereich, an wen könnte eine Initiativ-Bewerbung gerichtet werden?

Die Websites größerer Unternehmen zu finden ist relativ unproblematisch – das Eintippen des Firmennamens in eine allgemeine Suchmaschine hilft fast immer weiter. Schneller, weil gezielter verläuft vermutlich die Suche über Internetverzeichnisse wie Yahoo! (http://dir.yahoo.com/Business_and_Economy/Directories/Companies/).

Mehr über eine Firma als aus ihrer Webseite ersichtlich, erfahren Sie in Unternehmensprofilen *(company profiles)*. Diese gibt es z. B. recht ausführlich bei Wetfeet.com (http://www.wetfeet.com/research/companies.asp) – hier werden zudem Interviews mit Firmen angeboten – und bei vielen Job Sites. Unabhängige(re) Informationen bieten Unternehmensdatenbankenbetreiber im Web an, z. B. Hoovers (http://www.hoovers.com/) – hier müssen Sie sich dafür registrieren)–, Vault.com (http://www.vault. com/nr/researchhome.jsp) und die Thomas Registers (http://www.aernet.com/).

Eine weitere gute Informationsquelle sind die Jahresberichte *(annual reports)*, die viele Unternehmen ins Web stellen – oft auf Ihren eigenen Websites. Eine frei zugängliche Zusammenstellung von *annual reports* bietet die Annual Reports Gallery (http://www.reportgallery.com/).

Für Unternehmens-Rankings ist das amerikanische Forbes Magazine (http://www.forbes.com) interessant. Die entsprechenden Artikel komplett herunterzuladen ist allerdings kostenpflichtig.

Nicht zuletzt sind auch *career fairs* (Karrieremessen) ein gutes Mittel, Unternehmen besser kennen zu lernen. Sie sind in der englischsprachigen Welt seit langem und noch weiter verbreitet als in Deutschland. Auf *career fairs* erhalten Sie einen Eindruck von Unternehmen, von den Arbeitsbedingungen und Aufstiegschancen und können erste persönliche Kontakte knüpfen. Bereiten Sie sich auf eine *career fair* vor wie auf ein Vorstellungsgespräch (vgl. Kap. IV). Wenn Sie im Ausland arbeiten möchten, ist es natürlich sinnvoll, auch im Land Ihrer Wahl eine Career Fair zu besuchen. Termine dafür finden Sie auf verschiedenen Job Sites oder auch durch Eingabe des Suchbegriffes „career fairs" plus dem Land Ihrer Wahl in eine Suchmaschine.

2.8 Stellensuche

Sie wissen, welche Stelle an welchem Ort zu welchen näheren Bedingungen in Frage kommt? Dann lohnt es sich nun mit der konkreten Jobsuche im Internet zu beginnen. Die Jobdatenbanken der Job Sites sind dabei das bequemste, aber nicht unbedingt das aussichtsreichste Mittel. Auch eine gezielte Suche auf den Stellenangebotsseiten von Unternehmen ist lohnenswert. Bewerben Sie sich zum Beispiel auf dieselbe Stelle direkt von der Unternehmens-Website aus statt über eine Job Site, so ist dies womöglich billiger für den Arbeitgeber, da er keine Kommission an die Job Site bezahlen muss – ein Vorteil, der bei der Auswahl für Sie spricht. Auch das gute alte Networking, also über „Beziehungen" einen Job zu ergattern, hat im Internetzeitalter keineswegs ausgedient, sondern ist im Gegenteil um eine elektronische Version erweitert worden (siehe VI.2.9).

Online-Jobdatenbanken sind die Domäne und das Geschäft von tausenden von großen und kleinen Job Sites. Die älteste und größte davon ist Monster.com (http://www.monster.com/). Eine nichtkommerzielle Online-Jobdatenbank, die auch internationale Jobangebote enthält, wird vom deutschen Arbeitsamt (http://195.185.214.164/job/) betrieben.

Jobdatenbanken durchsuchen

Für Praktika *(internships)* gibt es spezielle Datenbanken bei einigen Job Sites, so beim Arbeitsamt (http://195.185.214.164/pb/), im FAZ Hochschulanzeiger (http://www.hochschulanzeiger.de/studium_und_ weiterbildung/praktika/praktikums_service/) oder bei Cesar.de (http://www.cesar.de/aufeinenblick.html), um nur einmal die deutschsprachigen zu nennen. Bei den internationalen Job bzw. Career Sites bietet vor allem auch Wetfeet.com (http://wetfeet.internship programs.com/) eine durchsuchbare Internships-Datenbank an.

Wenn Sie internationale Job Sites finden möchten, können Sie bei Suchmaschinen mit Begriffen wie „job banks", „job listings", „job leads" und natürlich „job sites" oder „career sites" arbeiten. Eine gute Ausgangsbasis für die Recherche nach Job Sites ist die ca. monatlich aktualisierte Auflistung im RileyGuide (http://www.rileyguide. com/multiple.htm) oder die Jobbörsen-Übersicht bei Cesar.de (http://www.cesar.de/linklist.html?kap=25).

Bei Job Sites können Sie Jobangebotsdatenbanken durchsuchen. Dies ist in aller Regel kostenlos. Außer auf die Kosten sollten Sie aber auch auf Folgendes achten:

- Das Durchsuchen der Jobdatenbank sollte möglich sein, ohne dass Sie sich als Mitglied registrieren müssen. Eine Registrierung, die immer mit dem Missbrauch Ihrer Daten verbunden sein kann, würde Ihnen schließlich wenig nützen, wenn die Site keine für Sie geeigneten Jobs anbieten kann. Sites, die eine Registrierung für die Jobsuche fordern, setzen sich dem Verdacht aus, es in erster Linie aufs Adressensammeln abgesehehen zu haben.
- Schauen Sie sich den Bereich für Arbeitgeber *(for employers)* der Site an. Hier finden Sie, was Arbeitgeber für die Dienste der Job Site bezahlen müssen. Sollte die Job Site keine oder nur sehr geringe Gebühren erheben, so liegt wiederum der Verdacht des Adressensammelns nahe.

Jobdatenbanken lassen sich nach mehreren Kriterien durchsuchen, z.B. nach Berufsgruppe und Region. Schränken Sie testweise Ihre Suche möglichst genau auf Ihr Interesse ein und begutachten Sie die gefundene Angebotsliste: Enthält sie nur wenige Jobs und/oder sind diese veraltet (vor mehreren Wochen oder Monaten bereits eingestellt), oder werden überhaupt keine Datumsangaben gemacht? Werden Ihnen mehrere nicht zu Ihren Suchkriterien passende Jobs angezeigt? Das alles spricht dafür, dass die Site wenige für Sie geeignete Angebote hat.

Nützlich kann es sein, das Job Site-Angebot anzunehmen, einen so genannten Jobagenten oder E-Mail-Agenten zu erstellen. Dazu müssen Sie allerdings Ihre persönlichen Daten bei der Job Site einstellen – und gehen die oben beschriebenen Risiken ein. Sie werden vom Jobagenten dann per E-Mail regelmäßig über neu eingetroffene Stellenangebote aus Ihrem Bereich informiert.

Bei vielen Jobangeboten können Sie sich gleich online bewerben. Ihre Bewerbung kann manchmal direkt an den Stellenausschreiber gerichtet werden oder über Online-Formulare der Job Site erfolgen. Die direkte Bewerbung ist empfehlenswerter. Bei einer Bewerbung über die Job Site müssen Sie sich spätestens an dieser Stelle registrieren und Ihre persönlichen Daten einstellen.

Bewerben Sie sich aber auf keinem Fall, ohne dass Sie alle vorbereitenden Tätigkeiten durchgeführt haben und ein aussagekräftiges und für die elektronische Weiterverarbeitung geeignetes „E-Resume" erstellt haben (siehe VI.3.1).

Wie Sie die Unternehmens-Websites finden, ist in diesem Abschnitt (VI.2.8) beschrieben. Suchen Sie auf den Unternehmenssites nach „job openings", dem „career center" oder ähnlichen Abteilungen.

Stellenausschreibungen auf Unternehmens-Sites

Auch wenn Ihnen die Firma hier anbieten sollte, Ihre Bewerbung sofort in ein Online-Formular einzutippen, tun Sie es nicht ohne gründliche Vorbereitung. Sie sollten zuvor fundierte Informationen über das Unternehmen besitzen und auch hier einen geeigneten Lebenslauf vorbereitet haben. Außerdem: Eine Reihe von Unternehmen setzt Filtersoftware ein, um elektronisch eingehende Bewerbungen auszusortieren. Entspricht die Bewerbung nicht gewissen Standards (siehe VI.3.1), erhalten Sie vielleicht bereits nach wenigen Stunden eine Absage per E-Mail. Das Gleiche gilt natürlich auch, falls Sie sich, statt Online-Formulare zu benutzen, bei dem Unternehmen per E-Mail bewerben.

Bei einem Stellenangebot, das lediglich eine Postanschrift als Bewerbungsadresse angibt, sollten Sie übrigens nicht versuchen, sich per E-Mail zu bewerben, selbst wenn Sie die E-Mail-Adresse des Ansprechpartners herausfinden konnten.

2.9 E-Networking

E-Networking ist zunächst Networking auf Distanz. Das bedeutet, dass Sie Ihre potentiellen Kontaktpersonen von diesen unbemerkt im Internet ausfindig machen und „beobachten" können. So können Sie in Ruhe herausfinden, ob der Kontakt Ihnen bei der Jobsuche vermutlich von Nutzen ist. Dennoch ist E-Networking natürlich keine Einbahnstrasse: Sie werden nur dann Erfolg haben, wenn Sie auch etwas zum Erfolg anderer beitragen. Jedes „Network" ist schließlich eine Zweckgemeinschaft, in der man sich gegenseitig weiterhilft.

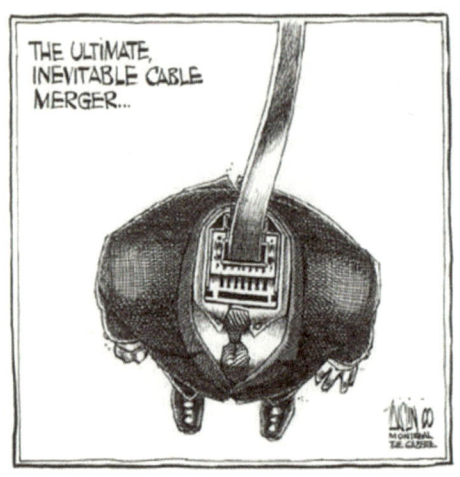

E-Networking hat auch ganz pragmatische Vorteile: Die Networking Kontakte lassen sich bequem mit dem Computer verwalten, meistens reichen bereits die Adressenverwaltung und Sortierungsmöglichkeiten des E-Mail-Programms dazu aus.

Aislin; Montreal Gazette
(http://www.canada.com/montreal/montreal gazette/specials/aislin/)

Potentielle Kontakte ausfindig machen

E-Networking beginnt damit, dass man im Internet geeignete Websites, Diskussionsforen, Mailinglisten, Newsgroups und vielleicht auch Chats ausfindig macht. Sie suchen dabei in erster Linie nach Themen, die inhaltlich mit Ihrem Beruf oder Ihrer Ausbildung zu tun haben: Trends in bestimmten Wirtschaftsbereichen, neue technische Entwicklungen, Fachdiskussionen usw. Websites von Berufsverbänden und Online-Communities, in denen Sie interessierende Themen diskutiert werden, sind oft gute Ausgangspunkte. Auch die großen Job Sites eröffnen Ihnen Kontakte dieser Art, indem Sie Diskussionsforen und Chats mit Experten oder anderen Jobsuchenden anbieten. Interessante Diskussionsforen gibt es weiterhin auf den Sites von Internet(service)-Anbietern wie MSN, AOL oder Netscape. Um eine breite Basis von möglichen Kontaktpersonen zu finden macht es auch Sinn, allgemeine Suchmaschinen zu benutzen und Internetverzeichnisse zu durchsuchen.
Eine weitere Möglichkeit, mit interessanten Menschen ins „Cyber-Gespräch" zu kommen, sind im WWW archivierte Mailinglisten-Diskussionen und Newsgroup-Archive. Diese finden Sie z. B. über Yahoo! Groups (http://www.groups.yahoo.com), bei Google Groups

(http://groups.google.com) oder auch Topica (http://www.topica.com). Alle genannten Sites ermöglichen es Ihnen auch, eigene Mailinglisten zu eröffnen. Speziell für die Suche nach Newsgroups ist FiberCyber (http://fibercyber.com) geeignet.

Um sich an einer Mailingliste zu beteiligen, müssen Sie lediglich ein eigenes E-Mail-Konto besitzen. An einer Newsgroup-Diskussion im so genannten Usenet können Sie nur dann teilnehmen, wenn Ihr Internet-Dienstanbieter diese auf seinem Server zur Verfügung stellt. Wenn Sie noch kein Newskonto besitzen, erkundigen Sie sich bei Ihren Internet-Dienstanbieter nach der Adresse seines Newsservers, um mit dieser Angabe in Ihrem E-Mail-Programm ein Newskonto einzurichten. Danach können Sie alle auf dem Server vorhandenen Newsgroups herunterladen und die für Sie interessantesten kostenlos abonnieren.

Im nächsten Schritt geht es darum, die Kontakte tatsächlich herzu-stellen, also das Netz zu spinnen, das Ihnen einen Job einfangen soll. Dazu müssen Sie nun aus Ihrer Anonymität heraustreten und sich gekonnt in Szene setzen. Fallen Sie bei Ihrem ersten Beitrag zu einer Diskussion aber nicht mit der Tür ins Haus. Beiträge wie „Ich suche einen Job – wer weiß was?" werden Sie kaum weiterbringen.

Das Netzwerk spinnen

Verfolgen Sie zunächst die Diskussionen in den von Ihnen ausge-wählten Gruppen und lernen Sie Inhalte und Stil kennen. Lesen Sie auch archivierte Beiträge und, falls vorhanden, die FAQs *(frequently asked questions)* Seite. Erst wenn Sie das Gefühl haben, etwas Sinnvolles zur Diskussion beitragen zu können, senden Sie Ihren ersten Beitrag ein. Gehen Sie auf die Äußerungen anderer Gruppen-mitglieder ein und zeigen Sie Verständnis für deren Belange. Sie sollten eine professionelle Identität erkennen lassen, d.h. sich so darstellen, wie Sie es im Beruf oder bei einem Vorstellungsgespräch tun würden. Tatsächlich kann die Teilnahme an solchen Internet-Diskussionen eine gute Vorbereitung auf ein Vorstellungsgespräch sein – auch sprachlich, wenn sie auf Englisch abläuft.

Eine gute Möglichkeit, sich als kompetente Person auszuweisen, ist eine eigene Homepage mit entsprechenden Inhalten oder, noch besser, ein Web-Portfolio, das Ihre geleisteten Arbeiten ausstellt bzw. beschreibt. Wenn Sie bei geeigneter Gelegenheit darauf verweisen können, wird dies sicher Eindruck machen.

Nachdem Sie mit Ihrem virtuellen Netzwerk genügend vertraut sind und sich ausreichend bekannt gemacht haben, nehmen Sie schließlich direkten Kontakt mit einzelnen Personen auf, von denen Sie sich

Persönliche Kontaktaufnahme

konkrete Hilfe bei der Jobsuche versprechen. Dies geschieht zunächst am besten per E-Mail. Auch wenn Sie annehmen, dass die Person, an die Sie sich wenden, Ihnen unmittelbar einen Job verschaffen könnte, verfassen Sie Ihr Schreiben nicht als Bewerbung und fügen Sie nicht gleich einen Lebenslauf bei. Formulieren Sie höflich und zurückhaltend, nicht zu salopp und direkt. Beachten Sie hier und für Ihr weiteres Vorgehen die Tipps, die Ihnen im Kapitel IV „Networking" gegeben werden.

Die beiliegende CD enthält englische Formulierungen für Networking-Schreiben und ein Beispiel für eine Networking-E-Mail.

VI.3 E-Bewerben

Auf der beiliegenden CD finden Sie unter „Do your own" ein kleines Programm, mit dem Sie die in diesem Abschnitt beschriebenen Bewerbungsdokumente erstellen können.

Das Internet hilft Ihnen nicht nur bei der Jobsuche, sondern es bietet Ihnen auch die Möglichkeit, Ihre Unterlagen schnell und preisgünstig zu versenden und durch eine Bewerbungs-Homepage (Web-Resume) oder ein Web-Portfolio mit Arbeitsproben Ihrer Bewerbung Nachdruck zu verleihen.

Dana Summers, Orlando, FL -- From The Orlando Sentinel. (Tribune Media Services http://www.comicspage. com/summers/)

3.1 E-Resumes
Ihren Lebenslauf haben moderne Stellensuchende inzwischen in vier bis fünf verschiedenen elektronischen Versionen vorliegen:
1   Druckversion – eine zum Ausdrucken, die mit einem Textverarbeitungsprogramm funktional, leserfreundlich und ansprechend gestaltet wurde (vgl. Kapitel I, „Lebenslauf"),

128

2 Scannable Version – eine ebenfalls zum Ausdrucken gedachte Version, die „scannerfreundlich" oder besser „texterkennungssoftwarefreundlich" gestaltet ist, d. h. vor allem keine Bestandteile enthält, die von OCR-Programmen (Texterkennungsprogrammen) nicht in computerlesbaren Text umgewandelt werden können,

3 ASCII-Version – d. h. eine „nur Text"-Version (eine reine ASCII-Text-Datei), deren Inhalt sich problemlos in E-Mails oder Online-Formulare kopieren lässt,

4 E-Mail-Attachment-Version – im RTF-Format (dieses Format kann keine Viren enthalten und kann von fast allen Textverarbeitungsprogrammen gelesen werden),

5 HTML-Version – also als Webseite, die sich auch im WWW veröffentlichen lässt oder auch direkt als E-Mail versandt werden kann – vorausgesetzt, Sie wissen, dass der Arbeitgeber ein E-Mail-Programm benutzt, in dem HTML dargestellt werden kann.

In diesem Abschnitt gehen wir näher auf die elektronischen Versionen (drei bis fünf) ein.

Für einen elektronischen internationalen Lebenslauf (E-Resume) gelten inhaltlich dieselben Regeln wie für einen traditionellen. (siehe Kapitel I „Lebenslauf").

Inhalte

Geht Ihr E-Resume an Personalagenturen oder Pesonalabteilungen großer Unternehmen, ist es wahrscheinlich, dass es mit elektronischen Resume Management-Systemen (wie „Resumix" oder „ResTrac") bearbeitet wird. Fügen Sie in diesem Fall zusätzlich oder alternativ zum Summary einen Keywords-Abschnitt direkt unter dem Abschnitt Objective ein.

Um zu entscheiden, welche Keywords Sie aufführen möchten, versetzen Sie sich am besten in die Rolle eines Personalers, der per Stichwortsuche geeignete Kandidaten herausfiltern möchte. Zunächst wird er nach den in der Stellenanzeige erwähnten Qualifikationen suchen. Weiterhin wird gerne nach Stichwörtern wie *communication skills* und *team player* sowie nach Berufsbezeichnungen, Titeln und Positionen (MBA, Mechanical Engineer, Ph.D., Human Resources Manager, HR, etc.) gesucht. Schlagwörter aus der Branche (SQL Server, integrated systems, HVAC, etc.) sind ebenfalls oft gefragt, und da heute bei den meisten Stellen *computer skills* notwendig sind, sind auch die Bezeichnungen von Softwareprogrammen (MS Excel, Outlook, MS Access, Photoshop, Windows XP, Unix, Linux, etc.) beliebte Suchbegriffe.

Selbstverständlich sollten in Ihrem Keywords-Abschnitt keine inhaltlich anderen Schlüsselwörter vorkommen als die weiter unten in Ihrem Lebenslauf beschriebenen Qualifikationen. Es ist aber durchaus sinnvoll, in die Schlüsselwörter z. B. eine Abkürzung oder ein Akronym für einen Begriff aufzunehmen, den Sie im Lebenslauf ausgeschrieben haben (Human Resources – HR) oder umgekehrt (B.S. – Bachelor of Science). Wenn ein wichtiger Schlüsselbegriff in ihrem Lebenslauf nur als Verb vorkommt (z. B. *coordinated*), sollten Sie ihn im Keywords-Abschnitt als Substantiv *(coordination)* aufführen.

Verwenden Sie keinen Keywords-Abschnitt, so achten Sie darauf, dass alle wichtigen Qualifikationen in Form von Schlüsselwörtern im Text des Summary-Abschnitts vorkommen.

Je mehr Schlüsselwörter mit den vom Personalchef gesuchten übereinstimmen und je öfter diese in einem Lebenslauf vorkommen, desto höher stuft die Suchsoftware die Relevanz eines Dokuments. Es macht allerdings keinen Sinn, seinen Lebenslauf (nur) mit Schlüsselwörtern voll zu stopfen – irgendwann wird er auch von einem Menschen gelesen. Ihn müssen Sie schließlich durch eine leicht verständliche Darstellung überzeugen.

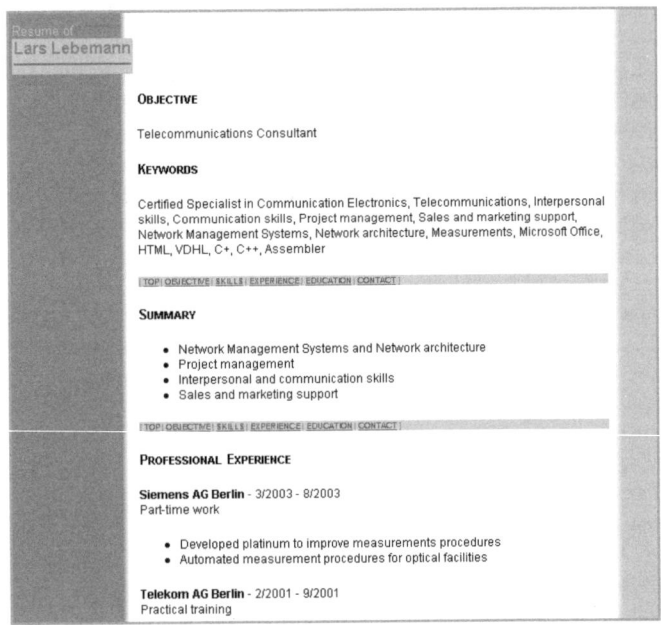

Die ASCII-Lebenslaufversion (ASCII = American Standard Code for Information Interchange, ein Standardzeichensatz, der auf allen Computerplattformen lesbar ist) ist die Version Ihres E-Resumes, die Sie für das Versenden innerhalb einer E-Mail benutzen oder in Online-Bewerbungsformulare auf Webseiten kopieren.

Sie erstellen Ihre ASCII-Lebenslauf-Version, indem Sie Ihre Version 1- oder Version 2-Datei als „Nur Text"-Datei (ASCII), zum Beispiel als „MeinLebenslauf.txt", speichern.

Öffnen Sie also Lebenslauf Version 1 oder 2 in Ihrem Textverarbeitungsprogramm und benutzen Sie den Befehl „Speichern unter...", tragen Sie den Dateinamen für Ihre neue Version ein und stellen Sie in derselben Dialogbox als Dateiformat „nur Text" ein.

Jetzt sollten Sie Ihren ASCII-Lebenslauf mit ein paar einfachen Formatierungen noch etwas übersichtlicher gestalten.

Öffnen Sie die eben erstellte Datei „MeinLebenslauf.txt" dazu entweder in Ihrem Textverarbeitungsprogramm oder auch in einem einfachen Texteditorprogramm wie Notepad (bei Windows zu finden unter Programme-Zubehör-Editor) oder SimpleText (bei Macintosh).

Sie sollten Ihren Lebenslauf jetzt in einer Schrift mit nichtproportionalen Buchstaben (jeder Buchstabe hat dieselbe Weite) sehen. Gehen Sie nun daran, Ihren Lebenslauf mit Texteditormitteln, d.h. ohne Formatierungen und nur mit den auf der Tastatur zur Verfügung stehenden Buchstaben und Zeichen neu zu gestalten. Benutzen Sie, wie auf einer Schreibmaschine Großbuchstaben zur Hervorhebung, Zeilenumbrüche für vertikale und Leerzeichen für horizontale Abstände. Statt *bullets* können Sie Spiegelstriche –, + oder * verwenden. Horizontale Linien lassen sich mit Gedankenstrichen – – – oder Unterstrichen _____ erzeugen, aber gehen Sie sparsam damit um. Ihr Hauptaugenmerk sollte auf der Übersichtlichkeit und der leichten Lesbarkeit am Bildschirm liegen.

Sie werden diese Version Ihres Lebenslaufes vor allem als E-Mail versenden, und zwar im Textkörper – also nicht als Attachment. Leider gehen unterschiedliche E-Mail-Programme mit solchen Textnachrichten unterschiedlich um. So kann es vorkommen, dass ihr Lebenslauf beim Empfänger sehr ungünstig umgebrochen erscheint. Um dies zu verhindern können Sie in Ihrem ASCII-Lebenslauf manuell Zeilenumbrüche vornehmen oder besser beim Speichern erzwingen. Da E-Mail-Programme Zeilen meistens irgendwo zwischen dem 66. und 72. Zeichen (inklusive Leerzeichen!) umbrechen, sollten Sie nach jeweils 65 Zeichen einen Zeilenumbruch vornehmen. Sie können also nun Zeichen zählen und nach jeweils 65 die Eingabetaste drücken, oder, falls Ihre Textverarbeitung (wie z. B. MS Word) das Speichern mit Zeilenumbrüchen erlaubt, einfach die Ränder Ihres Dokumentes so setzen, dass genau 65 Zeichen dazwischen passen. Danach speichern Sie Ihr Dokument (Speichern unter...) und wählen nun „nur Text + Zeilenwechsel" als Dateiformat. Fertig. Zur Überprüfung schließen Sie danach Ihren ASCII-Lebenslauf und öffnen die neu erstellte Text + Zeilenwechsel-Datei in einem Texteditor (Notepad, SimpleText etc.). Hier sollte alles ordentlich aussehen – wenn nicht, müssen Sie von Hand nachhelfen. Danach senden Sie Ihren ASCII-Lebenslauf an sich selbst und möglichst auch an Freunde, die ein anderes E-Mail-Programm als Sie benutzen. Auch diese Probe sollte Ihr ASCII-Lebenslauf bestehen.

RTF-Version

RTF (Rich Text Format) ist ein von Microsoft entwickeltes Format, über das sich formatierte Textdateien zwischen allen gängigen Textverarbeitungsprogrammen austauschen lassen. Es ist als Attachment auch deswegen geeignet, weil in ihm keine Viren übertragen werden können. Die RTF-Version ist also, falls Sie ihren Lebenslauf als Attachment zufügen wollen oder darum gebeten wurden, anderen Textformaten vorzuziehen. Allerdings: Viele Unternehmen öffnen aus Sicherheitsgründen generell keine Attachments oder lassen Attachments von Ihrer Firewall codieren und in den Haupttext einer E-Mail einsetzen. Im letzteren Fall würde auch Ihr RTF-Lebenslauf als ein wildes Zeichendurcheinander ankommen.

Eine RTF-Version Ihres Lebenslaufes ist leicht zu erstellen, wenn Sie bereits eine wohlformatierte Druckversion haben. Laden Sie Ihre Version 1 ins Textverarbeitungsprogramm, wählen Sie Speichern unter – und dann den Dateityp Rich Text Format (RTF) aus. Schließen Sie Ihr Ausgangsdokument und öffnen Sie die neu erstellte RTF-Datei, um zu überprüfen, ob Ihr Text ansprechend aussieht. Falls nicht, überarbeiten Sie ihn in der geöffneten Datei und speichern wieder.

HTML-Version

Mit HTML, der Seitenbeschreibungssprache für Webseiten, können Sie Ihren Lebenslauf fast genau so leserfreundlich und individuell wie mit einem Textverarbeitungsprogramm gestalten – Sie machen schließlich nichts anderes als eine Webseite daraus.

Mit dem auf jedem neueren Windows Computer installierten E-Mail Programm Outlook Express oder anderen moderneren E-Mail-Clients können Sie Ihren Lebenslauf direkt als HTML-E-Mail versenden. Bevor Sie dies tun, sollten Sie sich aber vergewissern, dass der Empfänger mit einem E-Mail-Programm arbeitet, das HTML darstellen kann.

In Outlook Express haben Sie, wenn Sie eine neue E-Mail erstellen, die Möglichkeit, im Menü „Format" die Option „Rich Text/HTML" einzustellen. Bei dieser Einstellung wird aus Ihrem eingegebenen Text automatisch eine HTML-E-Mail. (Sie können den Code sehen und bearbeiten, wenn Sie unten den Reiter „Quelltext" anklicken.). In einer Symbolleiste über dem Text und im Menü „Format" finden Sie einige Formatierungsbefehle, wie Sie sie von Textverarbeitungsprogrammen kennen.

Eine schnellere Möglichkeit könnte es sein, Ihren Version 1-Lebenslauf ins Textverarbeitungsprogramm zu laden, dort komplett zu markieren, in die Zwischenablage zu kopieren und dann in eine Outlook Express Nachricht einzufügen. Der Text erscheint dort, sofern Sie Rich Text/ HTML eingestellt haben, automatisch im HTML-Format. Einige Formatierungen sehen nun vielleicht nicht mehr ganz so aus wie im Textverarbeitungsprogramm – hier müssten Sie manuell nachformatieren.

Am einfachsten ist es, Ihre für den Ausdruck erstellte Lebenslaufversion gleich in der Textverarbeitung als HTML-Dokument zu speichern – dafür eignen sich fast alle Textverarbeitungs-Programme. Sie können dann die HTML-Datei mit dem Befehl „Einfügen – Dateiauszug..." in Ihre Outlook-E-Mail einfügen, oder auch das Dokument in den Browser laden und von dort aus kopieren und einfügen. Das Einfügen der HTML-Datei als Attachment ist ebenfalls möglich, birgt aber die Gefahr aller Attachments, nämlich, dass sie die Unternehmens-Firewall nicht überstehen oder einfach aus Sicherheitsgründen nicht geöffnet werden.

Denken Sie daran: Die beste Bewerbung im HTML-Format nützt nichts, wenn Sie nicht in dieser Form vom Empfänger gesehen werden kann. Vergewissern Sie sich vorher (per E-Mail oder Telefon), ob das E-Mail-Programm des Empfängers HTML-Seiten darstellen kann. Wenn Sie sich per E-Mail erkundigt haben und eine HTML-E-Mail zurückerhalten, sollte der Empfänger auch HTML lesen können. Falls Sie eine reine Text-E-Mail als Antwort erhalten, in der steht, man wisse nicht, ob das eigene Programm HTML-E-Mail lesen könne, dann können Sie davon ausgehen, dass der Empfänger bisher nicht mit diesem E-Mail-Format gearbeitet hat, und Sie sollten auf Text-E-Mail zurückgreifen. Moderne E-Mail-Programme verwenden bei der direkten Antwort auf eine Nachricht das Format der empfangenen Nachricht. Sie würden in einem solchen Falle also automatisch Ihre Bewerbung in dem Format absenden, das dem Empfänger geläufig ist.

3.2 Web-Resume und Web-Portfolio

Mit einem Web-Resume (Bewerbungs-Homepage) können Sie einem Arbeitgeber zeigen, dass Sie im World Wide Web vertreten sind und moderne Medien zu nutzen wissen. Wenn Sie sich um eine Stelle im IT-Bereich bewerben, ist die eigene Homepage Standard, bei anderen Stellen kann eine gut gestaltete Seite Ihnen ein Plus einbringen.

Wenn es Ihnen bei Ihrer Webpräsenz allerdings darauf ankommt, potentiellen Arbeitgebern zu demonstrieren, dass Sie mit dem Medium professionell umgehen können, so reicht eine einzelne Webseite dazu wohl kaum aus. Hier wäre es angebracht, mehrere miteinander vernetzte Seiten ins Web zu stellen, also eine eigene kleine Site.

Tipp: Ein Web-Resume und ein Web-Portfolio können Sie nicht nur online nutzen, sondern auch auf eine CD brennen. Solche Bewerbungs-CDs kommen inzwischen bei vielen Arbeitgebern als eine Art „elektronischer Visitenkarte" recht gut an.

Wie umfangreich und aufwändig Sie auch immer Ihre Webpräsenz gestalten, ein Ersatz für Ihren Lebenslauf oder sonstige Bewerbungsunterlagen kann sie nicht sein. Bewerbungen sollten für jede Stelle individuell verfasst sein, und es ist zumindest unökonomisch, für jede Ihrer Bewerbungen eigene Webseiten zu erstellen. Es wäre also ein Fehler, in einer E-Mail-Bewerbung statt eines Lebenslaufes lediglich auf Ihre Bewerbungs-Homepage zu verweisen.

Inhalte

Denken Sie bei den Inhalten daran, was einen Arbeitgeber interessieren könnte: Ihr Lebenslauf gehört sicher dazu, aber vielleicht auch eine detailliertere Beschreibung Ihres Werdegangs und Ihrer Erfahrungen und natürlich eine Beschreibung der Stelle oder Tätigkeit, die Sie suchen. Wenn Sie Arbeitsproben vorzuweisen haben, die Sie als Texte oder Bilder ins Web stellen können, machen Sie damit einen guten Eindruck. Weiterhin sind für den Arbeitgeber oft Links zu Ihren vorherigen Arbeitgebern oder Ausbildungsinstitutionen interessant. Wenn Sie Referenzen benötigen bzw. in Ihren Bewerbungen angegeben haben, so könnten Sie – das Einverständnis der Referenzgeber vorausgesetzt – Links zu deren E-Mail-Adressen aufnehmen.

Ganz wichtig: Stellen Sie auf Ihre Bewerbungshomepage niemals Inhalte, die nichts mit Ihrer Bewerbung oder Ihren Qualifikationen zu tun haben – keine Urlaubsfotos, keine Hintergrundmusik, keine Animationen oder Videos und dergleichen, es sei denn, Sie bewerben sich auf eine Stelle, bei der entsprechende Fähigkeiten gefragt sind. Vermeiden Sie in jedem Fall auch Links zu Seiten, die keinen Bezug zu Ihrer Bewerbung haben.

Eine Webseite zu erstellen ist für jeden, der Erfahrung mit Textverarbeitungsprogrammen hat, nicht sehr schwierig. Eine gut gestaltete, technisch und kommunikativ funktionale Seite, oder ein zusammenhängendes Netzwerk von Webseiten, also eine eigene Site, zu erstellen, verlangt hingegen zumindest HTML-Kenntnisse und Erfahrung im Webdesign.

Die folgenden Ausführungen und Tipps sind für diejenigen gedacht, die bereits erste Erfahrungen mit dem World Wide Web und im Erstellen von Webseiten gesammelt haben. Wenn Sie noch nie etwas von HTML oder Webdesign gehört haben, so finden Sie im Internet eine ganze Reihe von kostenlosen Einführungen und Hilfen. Ein Suchlauf mit dem Stichwort HTML bei einer Suchmaschine wird Ihnen Hunderte von Seiten liefern. Eine gute deutsche HTML-Dokumentation, die Sie unter http://www.teamone.de/selfhtml online einsehen und kostenlos komplett downloaden können, ist SELFHTML von Stefan Münz.

Wenn Sie nur eine einzelne Homepage erstellen möchten, seien Sie nicht zu großzügig mit dem Umfang des dort präsentierten Textes, und erst recht nicht mit Grafiken, Fotos, Animationen oder sonstigen Elementen. Eine Webseite kann schnell überladen wirken oder schlicht so lang werden, dass der Benutzer beim Scrollen ungeduldig wird. Eine noch störendere Eigenschaft umfangreicher Webseiten ist ihre lange Ladezeit. Niemand in der Personalabteilung wartet gerne minutenlang darauf, dass sich Ihre Bewerbungshomepage im Browser aufbaut.

Achten Sie beim Design besonders auf Übersichtlichkeit und schnelle Erfassbarkeit der Inhalte. Beim ersten Blick, d. h. auch ohne scrollen zu müssen, sollte dem Benutzer klar sein, was ihn auf dieser Seite erwartet. Beginnen Sie also mit einer knappen Übersicht und fahren Sie mit dem fort, was für Ihre potentiellen Nutzer am wichtigsten erscheint. Dieses Verfahren empfiehlt sich auch um die Chancen zu erhöhen, von den Suchmaschinen richtig eingeordnet zu werden, denn deren *robots* und *web crawlers* lesen u. a. die ersten paar hundert Wörter einer Website und bestimmen danach, ob diese zu einem bestimmten Suchbegriff passen.

Am schnellsten und einfachsten zu erstellen sind Webseiten, die auf spezifische Formatierungen wie besondere Schriftarten und auf ein mehrspaltiges Layout verzichten und es damit dem Browser des Benutzers und dessen individuellen Einstellungen überlassen, wie genau die Seite angezeigt wird. So entstehen Webseiten, die in allen Browsern und auf allen Computerplattformen eine akzeptable Figur machen. Sobald Sie bestimmte Schriftarten oder -größen festlegen oder ein starres Layout erzeugen, laufen Sie Gefahr, dass Ihre Seite auf anderen Systemen als Ihrem eigenen wesentlich unvorteilhafter aussieht. Wenn Sie Spalten erzeugen oder Ihre Seite in verschiedene Bereiche aufteilen möchten, so sind HTML-Tabellen das traditionelle und immer noch browserplattform-sicherste Gestaltungsmittel. Mit prozentualen Angaben bei der Spaltenbreite oder einer Mischung aus festen und prozentualen Werten haben Sie die Möglichkeit, das Layout flexibel für verschiedene Browserfenstergrößen zu gestalten. Sollten Sie ausschließlich mit festen Werten arbeiten wollen, so ist es empfehlenswert, mit der Summe der horizontalen und vertikalen Werte mindestens 16 Pixel unterhalb der Auflösung von 800x600 Pixel zu bleiben.

In jedem Fall besser als eine einzige überladene Webseite sind mehrere, auf welche die Informationen sinnvoll verteilt wurden und die miteinander verlinkt sind – also eine eigene Website. Dies verschafft Ihnen die Möglichkeit, die Informationen so aufzubereiten, dass Sie in Ihrem Anschreiben mit Hyperlinks gezielter darauf verweisen können, und sie in der Personalabteilung leichter nach individuellem Interesse zusammengestellt werden können. Das Verteilen der Informationen und das Vernetzen der Seiten miteinander erfordert allerdings ein deutliches Mehr an Planungs-, Gestaltungs- und, nicht zu vergessen, an Testarbeit.

Besonders wichtig bei vernetzten Webseiten ist die Gestaltung der Navigation. Am einfachsten ist es, wenn Sie an jeweils einer bestimmten Stelle jeder Seite (üblicherweise in einer Spalte ganz links oder in einer Zeile ganz oben) möglichst alle Links zu den übrigen Seiten in immer derselben Reihenfolge als eine Art „Inhaltsverzeichnis" anordnen. So wird verhindert, dass ein Benutzer auf einer Seite landet, von der aus er auf normalem Weg innerhalb Ihrer Site nicht mehr vor oder zurück kann. Ein solch einfaches Navigationsdesign ist allerdings nur bei relativ kleinen Sites mit bis zu etwa 10 Seiten möglich – sonst wird das Inhaltsverzeichnis mit den Links schnell zu unübersichtlich.

Planen Sie Ihre Site zunächst auf dem Papier. Verteilen Sie Ihre Inhalte nach Gesichtspunkten des inhaltlichen Zusammenhangs, aber auch nach der Informationsmenge. Überlegen Sie sich, in welcher Reihenfolge ein normaler Besucher Ihre Seiten ansehen möchte, und entwerfen Sie dementsprechend den Navigationsbereich. Zeichnen Sie Ihre Seiten mit deren Dateinamen (den Sie später vergeben werden) auf Papier und zeigen sie auf, wie sie miteinander verlinkt werden sollen. Nennen Sie die Startseite index.htm oder index.html – dies ist Konvention bei der Webserver-Einrichtung – und Ihre Index-

Seite wird später automatisch geladen, wenn ein Benutzer Ihre URI ohne einen spezifischen Dateinamen eingibt.

- Benutzen Sie bei allen Seiten Ihrer Site das gleiche Gestaltungs-schema (Hintergrundfarben, Grafiken, Navigationsdesign, Schrift-typen, etc.).

allgemeine Tipps zur Gestaltung

- Benutzen Sie keine unnötigen JavaScripts, Applets, Flash Animatio-nen u.ä. – Lesbarkeit auf möglichst allen Browserplattformen und individuellen Einstellungen sollte vor Effekthascherei stehen.
- Gestalten Sie Ihre Site und die einzelnen Seiten suchmaschinenge-recht: Geben Sie jeder einzelnen Seite einen aussagekräftigen Ti-tel; wichtiger als beschreibende META Tags ist, dass die wichtigsten Schlüsselwörter in den ersten Textabsätzen bereits vorkommen.
- Achten Sie auf kleine Dateigrößen für kurze Ladezeiten, sowohl bei der HTML-Seite selbst, als auch bei eingebundenen Grafiken (50 KB ist hier eine allgemeine Obergrenze) und Scripts.
- Verzichten Sie bei einer kleinen Site auf Frames: Sie haben den Nachteil einer längeren Ladezeit, und vor allem kann ein Benutzer eine in einen Frame geladene Datei nicht bookmarken bzw. als Favorit speichern. Manche Nutzer wissen auch nicht, wie man im Browser den Inhalt eines Frames ausdruckt.
- Cascading Stylesheets werden von Browsern unterschiedlich umfangreich und gut unterstützt. Benutzen Sie am besten nur die Befehle der 1.0 Spezifikation. Testen Sie ihre Seiten auf jeden Fall mit verschiedenen Browsertypen.

Um im World Wide Web vertreten zu sein, brauchen Sie einen Webhost, auf dessen Webserver Sie Ihre Dateien einstellen. Die meisten Internet-Dienstanbieter (z. B. T-Online, Freenet, Compuserve, AOL, 1&1) bieten Ihnen ausreichend Webspace für Ihre Homepage oder Site. Als Stu-dent/in oder Angehörige/r einer Hochschule wird Ihnen das Hochschul-rechenzentrum vermutlich Platz für Ihre Homepage zur Verfügung stel-len. Was Sie dann noch brauchen, ist eine Möglichkeit; Ihre Dateien auf den Webserver hochzuladen *(upload)* und dort zu pflegen. Dies geschieht zumeist per ftp *(file transfer protocol)* unter Benutzung eines ftp-Programms, z. B. für Hochschulen kostenlose WSftp. Für den Zugang zum Server benötigen Sie in der Regel auch ein Passwort. Fragen Sie Ihren Internet-Provider oder Ihr Rechenzentrum, wie der Upload geregelt ist.

Upload

Bei den preiswerten Providern und bei Ihrer Hochschule landet Ihre Webseite vermutlich gut versteckt in irgend einem Unterverzeichnis auf dem Server – Sie müssen also eine ziemlich lange Webadresse [URI] an alle, die sie dort finden sollen, weitergeben. Repräsentativer ist natürlich eine Adresse nach dem Muster www.MeinName.de. Wenn Sie eine solche eigene Domain wünschen, können Sie diese über die meisten Provider beantragen. Die Kosten und der gebotene Leistungsumfang sind unterschiedlich. Zum Vergleichen von Leistungen und Preisen für das „Webhosting" ist (http://www.webhostlist.de/) ein guter Ausgangspunkt.

3.3 Stellengesuche bei Job Sites

Die Möglichkeit, ein kostenloses Stellengesuch bei einer Job Site aufzugeben, mag verlockend sein. Es ist jedoch nicht die aussichtsreichste Methode, einen Job zu finden, und birgt außerdem Risiken.

Wenn Sie bei einer Job Site ein Stellengesuch aufgeben, bedeutet dies, u. a. Ihre Lebenslaufdaten in die Datenbank der Job Site einzustellen. Unternehmen oder Personalagenturen, das sind die zahlenden Kunden der Job Sites, dürfen diese Datenbanken durchsuchen. Wie diese Kunden die Daten jedoch nutzen, dafür erklären sich die Job Sites nicht verantwortlich. Es ist vielfach belegt, dass Lebenslaufdaten dazu missbraucht wurden, Jobsuchenden auf sie abgestimmte Kaufangebote per E-Mail oder sogar per Telefon zu machen.

Nicht besonderes aussichtsreich sind Stellengesuche bei Job Sites unter anderem deswegen, weil Ihr dort untergebrachter Lebenslauf nicht auf die Anforderungen einer bestimmten Stelle abgestimmt sein kann. Natürlich können und sollten Sie hier möglichst alle Ihre Qualifikationen auflisten, aber das tun andere auch. Der Arbeitgeber, der mittels Filtersoftware nach bestimmten Qualifikationen sucht, findet Ihren Lebenslauf nun vermutlich unter hunderten von anderen.

Um ihre Chancen zu erhöhen, beachtet zu werden, bringen Jobsuchende häufig ihren Lebenslauf bei mehreren Job Sites unter, oder sie benutzen kostenpflichtige „Lebenslaufverbreitungsdienste" wie Resume Rabbit oder Resume Blaster. Diese Vorgehensweise wird inzwischen als *resume spamming* bezeichnet und verursacht bei Personalabteilungen Unmut, müssen diese doch aus Ihren Kandidatenlisten nun auch noch Mehrfacheinträge herausfiltern. Ein solches *over exposure* spräche also letztendlich gegen Sie.

Wenn Sie ein Stellengesuch bei einer Job Site aufgeben möchten, sollten Sie Folgendes beachten:

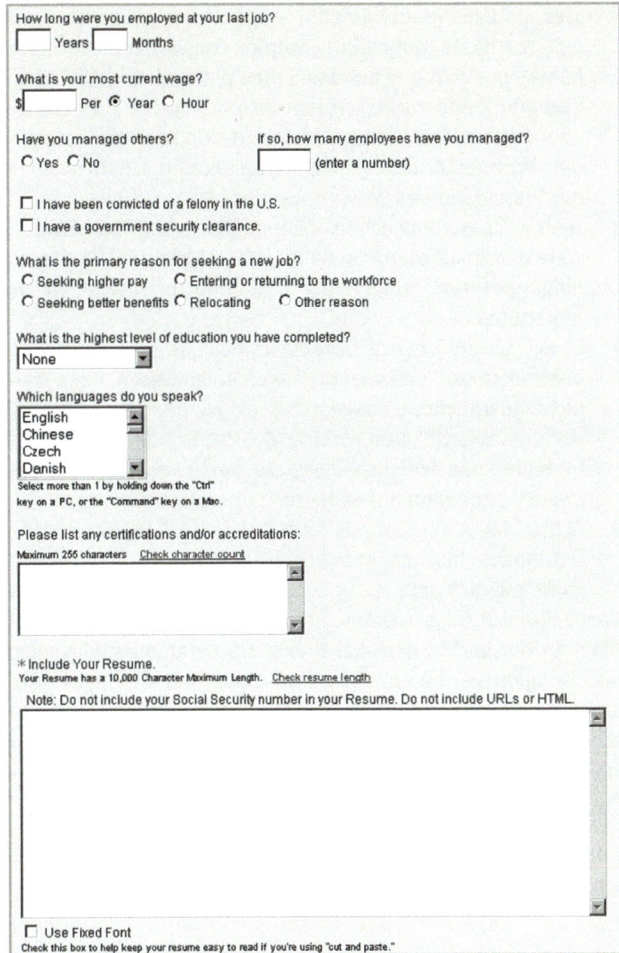

Erstellen Sie einen ASCII-Lebenslauf wie oben im Abschnitt beschrieben. Bringen Sie besonders in dem Keywords-Abschnitt möglichst viele Substantive, die Ihre Qualifikationen bezeichnen, unter. Die meiste Filtersoftware sucht in erster Linie nach solchen Substantiven. Wählen Sie einige Job Sites aus, die in Frage kommen. Schauen Sie sich diese genau an:

• Wer ist der Betreiber? – Diese Information und eine Kontaktadresse sollten auf jeder seriösen Site vorhanden sein.

- Wer sind die Hauptkunden? – Manchmal sind diese auf einer eigenen Seite aufgeführt, werden besonders porträtiert oder haben Ihre Werbung auf den Seiten platziert. Die Werbung auf der Site gibt Ihnen zusätzlich Hinweise auf solche Unternehmen, die ebenfalls an Ihren Daten interessiert sein könnten – platzieren Sie den Mauszeiger über einem Werbelink und schauen Sie unten in der Statuszeile des Browsers, wohin der Link führt.
- Testen Sie die Jobsuche-Funktion: Gibt es in Ihren Berufsbereich viele und qualifizierte Stellenangebote? Werden die Angebote mit Eingangsdatum aufgeführt, und sind offensichtlich veraltete Angebote dabei?
- Lesen Sie die *privacy statements* der Site und achten Sie dabei besonders auf diejenigen Verwendungsweisen Ihrer Daten, die nicht ausdrücklich ausgeschlossen werden. Wenn die Site mit Vertrauenszertifikaten wirbt (z. B. TRUSTe oder BBBOnline), dann bedeutet das lediglich, dass sie bereit ist, ihr veröffentlichtes *privacy statement* auf Einhaltung überprüfen zu lassen.
- Achten Sie darauf, ob Sie Ihren Lebenslauf selbst wieder aus der Datenbank löschen können. Auch ein unkompliziertes Update sollte möglich sein.

Wenn Sie sich für ein Online-Stellengesuch entscheiden, stellen Sie Ihren Lebenslauf in maximal drei Job Site-Datenbanken gleichzeitig ein. Bringen Sie ihn ca. einmal im Monat auf den neuesten Stand. Wenn sich nichts am Inhalt geändert hat, updaten sie ihn mit dem alten Inhalt. Oft werden die passenden Stellengesuche von der Filtersoftware bzw. in den Personalabteilungen nach Datum sortiert. Ein neu hochgeladener Lebenslauf steht dabei weiter oben.

Haben Sie nach zwei bis drei Monaten keine Resonanz erhalten, löschen Sie Ihren Lebenslauf aus der entsprechenden Datenbank und suchen Sie eine andere, für Sie vielleicht geeignetere Job Site.

3.4 E-Mail-Bewerbungen

Bewerbungen per E-Mail sind in den englischsprachigen Ländern wesentlich verbreiteter als in Deutschland. Im IT-Bereich sind sie weltweit inzwischen zum Standard geworden. Besonders in den USA werden Bewerbungsunterlagen häufig elektronisch archiviert und per Computer ausgewertet – eine elektronische Bewerbung ist damit für den Arbeitgeber leichter zu handhaben als Papierdokumente. In der übrigen Welt, inklusive Deutschland, können Sie zur Zeit nicht immer mit einer E-Mail-Bewerbung eine konventionelle ersetzen. Obwohl auch die meisten deutschen größeren Firmen Ihre Stellenangebote im Internet veröffentlichen, kommt es vor, dass E-Mail-Bewerbungen nicht oder nur verspätet bearbeitet werden. Wenn bei einer Stellenausschreibung nicht ausdrücklich „Bewerbungen per E-Mail" erwähnt wird, sollten Sie sich auch konventionell bewerben.

Andererseits erwarten viele Unternehmen heute von Ihren Angestellten ganz selbstverständlich, dass diese sich mit modernen Kommunikationsmedien bestens auskennen. Eine gelungene E-Mail-Bewerbung hat dabei hohen Überzeugungswert.

Ein eigens für die Bewerbung zu nutzendes E-Mail-Konto einzurichten ist nie verkehrt. Bei den so genannten Free-Mailern (hotmail, gmx, web.de, Yahoo etc.) ist das kostenlos, und Sie haben über das WWW von jedem angeschlossenen Computer aus Zugang zu Ihrer E-Mail. So können Sie vermeiden, dass z. B. Ihr derzeitiger Arbeitgeber etwas von Ihren Bewerbungen erfährt. Jedoch sollten Sie bedenken, dass unverschlüsselte E-Mails von jedem im Netz gelesen werden könnten. Benutzen Sie bei der Benennung Ihres E-Mail-Kontos, wenn möglich, Ihren Namen und keine Phantasienamen wie etwa superwoman@web.de, sonst könnte Ihre E-Mail gleich im elektronischen Papierkorb des Empfängers landen.

Separates E-Mail-Konto

Es ist sicherer, bei E-Bewerbungen auf Attachments zu verzichten und Bewerbungsdokumente als ASCII-E-Mail („nur Text") zu versenden. Sie müssen dann jedoch damit rechnen, dass Ihr Text beim Empfänger ganz anders aussieht als in Ihrem E-Mail-Programm. Der Text kann in einer anderen Schriftart und mit ungewollten Zeilenumbrüchen erscheinen. Um dies zu vermeiden, erzeugen Sie am besten nach je 65 Zeichen manuell einen Zeilenumbruch. Mehr zur Gestaltung Ihrer E-Mail finden Sie oben in VI.3.1.

Attachments

Ganz wichtig ist es, Ihre Bewerbung an die richtige Person im Unternehmen zu adressieren. Eine Bewerbungs-E-Mail an eine allgemeine Firmenadresse hat wenig Chancen, in der Personalabteilung zu landen. Aussagekräftig sollte vor allem die Betreffzeile sein. Geben Sie hier neben „job application" die Bezeichnung der Stelle ein, auf die Sie sich bewerben, und den Namen des beim Jobangebot genannten Ansprechpartners. Auch eine Initiativbewerbung sollten Sie immer an einen zuständigen Ansprechpartner im Unternehmen (etwa den Human Resources Manager [USA] oder Personnel Manager [GB])

E-Mail Briefkopf

richten. Die entsprechenden Namen und E-Mail-Adressen finden Sie u.U. auf den Unternehmenswebsites oder in den *company profiles*, die von verschiedenen Sites (siehe VI.2.7) angeboten werden. Am sichersten und einfachsten ist es jedoch, direkt bei dem Unternehmen anzurufen und sich zu erkundigen.

In Ihrer E-Bewerbung darf ein Anschreiben nicht fehlen. Geben Sie Ihre Postanschrift und Telefonnummer an – in den ersten Zeilen der E-Mail und/oder ganz am Ende. Obwohl Datum und E-Mail-Adresse dem Empfänger automatisch mitgeteilt werden, empfiehlt es sich, diese wie in einem Papierdokument im Briefkopf anzuführen, denn vielleicht wird Ihre Bewerbung innerhalb eines Unternehmens ohne die originalen Absender-Daten weitergeleitet. Falls Sie eine eigene Homepage haben, die für den Arbeitgeber interessant sein und Ihre Bewerbung unterstützen könnte, sollten Sie deren Adresse angeben und eventuell im Anschreiben noch einmal darauf verweisen. Machen Sie es dem Personalbüro möglichst einfach und formatieren Sie Ihre E-Mail- und Homepage-Adresse gleich als Hyperlink, dann kann man mit einem Klick dort landen.

Textkörper

Auf der CD finden Sie Beispielformulierungen, die Sie in ein Programm übernehmen können, welches dann ein E-Mail Anschreiben aus Ihren Daten generiert.

Inhaltlich unterscheidet sich der Textkörper eines E-Mail-Anschreibens vom dem eines Brief-Anschreibens nicht. Lesen Sie dazu den Abschnitt II.5.4 in diesem Buch.

Beim E-Mail-Anschreiben ist es besonders ratsam, sich möglichst kurz zu fassen. Idealerweise sollen alle wichtigen Informationen auf einen Blick – ohne dass man scrollen muss – erfasst werden können. Lassen Sie sich aber nicht dazu verleiten, zu salopp zu formulieren – auch wenn dies bei E-Mails sonst üblich ist.

Lebenslauf einfügen

Fügen Sie unterhalb des Anschreibens – mit drei bis vier Zeilen Abstand – Ihren ASCII-Lebenslauf ein. Beachten Sie die Hinweise zu den verschiedenen Lebenslauf-Versionen in VI.3.1. Beim E-Mail-Lebenslauf ist es besonders wichtig, dass Ihre für die Stelle wichtigsten Qualifikationen sofort ins Auge fallen, das heißt, möglichst weit oben stehen. Auch hier ist Kürze eine Tugend. (Vgl. I.4 Tipps.)

Fotos

Üblicherweise erwarten Unternehmen in einer E-Mail-Bewerbung kein Foto. Wenn der Arbeitgeber Sie in der Stellenanzeige allerdings auffordert, ein solches beizufügen, so benutzen Sie dafür das komprimierte JPEG-Format (*.jpg). Wenn Sie Ihr Foto einscannen, speichern Sie es also in diesem Format oder konvertieren es dorthin. Natürlich sollte das Foto von guter Qualität sein, die Dateigröße hingegen möglichst klein. Beim Einstellen der Komprimierungsoptionen müssen Sie daher eventuell ein wenig experimentieren, bis Sie das gewünschte Ergebnis erzielen. Ein Richtwert für die Dateigröße ist 50 KB.

Fügen Sie das Foto Ihrer E-Mail mit dem „Einfügen Dateianlage ..." Befehl bei, oder ziehen Sie bei Outlook Express die Datei mit der Maus einfach aus einem Explorerfenster in den Bodytext der E-Mail.

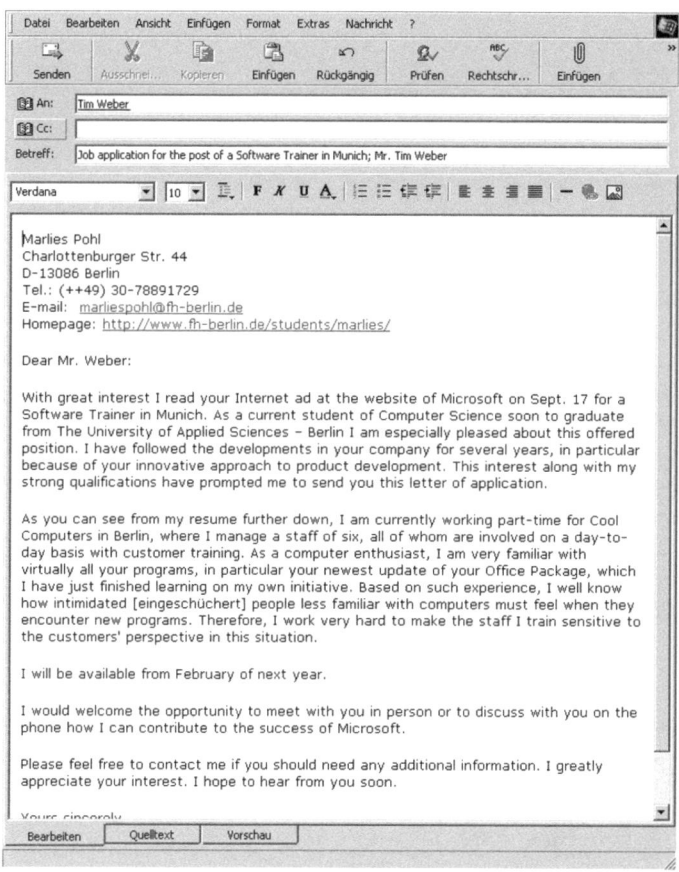

Korrekturlesen und Testen

Genauso wichtig wie bei der Papier-Bewerbung ist Fehlerfreiheit. Lesen Sie Ihre E-Mail-Bewerbung Korrektur und lassen Sie Korrektur lesen. Verlassen Sie sich nicht auf die elektronische Rechtschreibungsprüfung Ihres Textverarbeitungs- oder E-Mail-Programms.

Danach senden Sie Ihre Bewerbungs-E-Mail am besten zunächst einmal an sich. Öffnen Sie Ihre E-Mail, wenn möglich, mit verschiedenen E-Mail-Programmen. So können Sie feststellen, wie sie beim Empfänger ankommt und welche technischen Probleme eventuell auftreten. Um ganz sicher zu gehen, können Sie Ihre Bewerbungs-E-Mail nun noch an Freunde und Bekannte schicken und diese um Rückmeldung bitten – ehe Sie Ihre, bis dahin wohl perfekte elektronische Bewerbung schließlich an den Arbeitgeber senden.

Sichern und Ausdrucken

Vergessen Sie nicht, Ihre E-Bewerbung zu sichern, am besten nicht nur im E-Mail-Format, sondern auch im Textformat Ihres Textverarbeitungsprogramms. Drucken Sie ein Exemplar Ihrer E-Bewerbung aus. So haben Sie Ihre Unterlagen schnell zur Hand, falls Sie sie, zum Beispiel bei einem Telefonanruf des Arbeitgebers, benötigen.

Eingeschränkte Akzeptanz und Zuverlässigkeit

Ihre Bewerbung per E-Mail zu versenden spart Papier, Druck- und Portokosten und ist schneller als per Post. Die Personalabteilung braucht die Daten weder abzutippen noch einzuscannen, kann sie leicht in eine Bewerberdatenbank übernehmen und sie softwaregestützt auswerten. Trotzdem stoßen E-Mail-Bewerbungen noch nicht bei allen Firmen auf Akzeptanz. Außerdem kann es natürlich geschehen, dass E-Mails nicht beim Empfänger landen, z. B. weil Sie die Firewall oder den Spamfilter des Unternehmens nicht überstehen.

© United Feature Syndicate, Inc./kipkakomiks.de

Es ist deshalb empfehlenswert, eine E-Bewerbung telefonisch anzukündigen und, wenn Sie nach ca. einer Woche keine Rückmeldung erhalten haben, sich telefonisch nach dem Eintreffen Ihrer Bewerbung zu erkundigen. Bei dieser Gelegenheit können Sie dann nötigenfalls auch anbieten, eine konventionelle Bewerbung per Post nachfolgen zu lassen.

3.5 Job Interview-Training

Das beste Training für ein Vorstellungsgespräch ist ein anderes Vorstellungsgespräch. Aber ein echtes nur zum Üben werden Sie sicher selten anstreben. Auf der CD zum Buch bieten wir Ihnen deshalb kommentierte Transkripte und interaktive Übungen zu Vorstellungsgesprächen an.

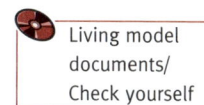
Living model documents/ Check yourself

Auch im Internet gibt es natürlich Tipps und Informationen zu Vorstellungsgesprächen. Wetfeet.com (http://www.wetfeet.com) bietet z. B. umfassende Informationen zu Job Interviews. Interaktive Multiple-Choice-Übungen zu diesem Thema finden Sie im Monster-Interview Center (http://interview.netscape.monster.com/).

VI.4 Ausblick

Das Internet hat den Arbeitsmarkt und den Bewerbungsprozess tiefgreifend verändert. Innerhalb von Minuten können Bewerber Hunderte von Stellenangeboten finden und können ebenso schnell mit einem Arbeitgeber in Kontakt treten. All das macht den Arbeitsmarkt zwar nicht unbedingt transparenter, aber doch sehr viel umfassender.

Die Bewerberzahlen pro einer im Internet veröffentlichten Stelle erhöhen sich zunehmend. Arbeitgeber und Personalberatungsfirmen können diese neue Flut von Bewerbungen nur dadurch wirtschaftlich verwalten, dass sie Computer mit entsprechender Software zur Auswahl der Bewerber einsetzen. Die großen Job Sites stellen solche Software den inserierenden Unternehmen inzwischen standardmäßig zur Verfügung. Andere, inzwischen relativ preiswerte Software hilft Personalabteilungen, indem sie nicht nur alle in einem Einstellungsverfahren anfallenden Daten verwaltet, sondern auch definierbare Informationen aus E-Mail-Bewerbungen und eingescannten Bewerbungsdokumenten filtert und in Bewerberdatenbanken speichert. Nur diejenige Bewerbung hat dabei Chancen weiter zu kommen, die vor allem formalen Standards entspricht. Die wichtigsten davon wurden in diesem Kapitel beschrieben.

Wer jedoch die Diskussion im Internet verfolgt, wird feststellen, dass sich solche formalen Standards recht schnell verändern. Es liegt im Interesse der Arbeitgeber, dass ihnen aufgrund von formalen Bewerbungsfehlern oder unvollkommenen Erkennungsprogrammen kein qualifizierter Arbeitnehmer entgeht. Deshalb kann man davon ausgehen, dass sich die Filtersoftware verbessern wird; sie wird flexibler d. h. weniger rigide mit den Bewerbungsinformationen umgehen.

Trotz aller technischen Verbesserungen und Aufrüstungen auf beiden Seiten und der durch moderne Kommunikations- und Informationsmedien geschaffenen scheinbaren Transparenz: Einen fairen, weil komplett objektivierbaren Wettbewerb der Bewerber/innen wird es auf dem Arbeitsmarkt natürlich nie geben. Wer den Job bekommt, wird auch in Zukunft immer noch von Menschen entschieden, und Menschen entscheiden nun einmal auch nach subjektiven Kriterien.

Wenn Sie es also dank Ihres professionellen Bewerber/innenverhaltens bis in die Endauswahl oder gar bis zu einem Vorstellungsgespräch geschafft haben, so ist das sicher schon als Erfolg zu werten. Natürlich würden wir uns freuen, wenn wir Ihnen dann zu Ihrem Traumjob gratulieren könnten. Aber selbst wenn es nicht gleich klappt, Ihre gewonnene Erfahrung kommt Ihnen bei jeder weiteren Bewerbung zugute. Auch für den Bewerbungsprozess gilt: *practice makes perfect.*

VII Job Application Assistant

VII.1
Voraussetzungen

Sie brauchen einen Windows®-Computer (Windows 9x, 2000, NT, XP) mit einer Internet Explorer Version von 5.5 oder höher. – Auf der CD befindet sich eine aktuelle Internet Explorer Version, die Sie bei Bedarf installieren können.

VII.2 Starten der
CD-ROM

Wenn Sie die CD-ROM ins Laufwerk einlegen, startet sie automatisch, und nach einigen Sekunden sollte der JAA-Begrüßungsbildschirm erscheinen.

Sollte die CD-Autostart-Funktion auf Ihrem Computer ausgeschaltet oder der Internet Explorer nicht Ihr Standardbrowser sein, so müssen Sie die CD manuell starten. Starten Sie dazu den Internet Explorer und öffnen Sie die Datei „JAAstart.htm" von der CD (Datei öffnen ... / Durchsuchen ...). Alternativ können Sie auch den Speicherort der Datei in die Adressleiste des Browsers eingeben. Dieser lautet „D:\JAAstart.htm", wenn D:\ der Buchstabe für Ihr CD-Laufwerk ist. Beachten Sie die Großschreibung und den Backslash (\) in dieser Adresse.

VII.3 Inhalts-
übersicht

Der JAA enthält die folgenden Komponenten:
*   Bewerbungswörterbuch *application-process dictionary* Sie können es in beiden Sprachrichtungen durchsuchen. – Von Seiten innerhalb des JAA-Fensters können Sie Wörter per Doppelklick nachschlagen.

Im linken oberen Aufklappmenü finden Sie links zu weiteren Kapiteln.
*   Check yourself
    Diese Liste führt zu interaktiven Übungen, mit denen Sie Ihre Kenntnisse des englisches Bewerbungsvokabulars und Ihr Wissen über den Bewerbungsprozess testen können.
*   Living model documents
    Damit können Sie englischsprachige Beispieldokumente mit interaktiven Erläuterungen für Lebensläufe, Bewerbungsschreiben in Anlehnung an die sechs Buchkapitel, E-Mail-Bewerbung, Networking E-Mail, Übersetzungen von Arbeitszeugnissen/ Empfehlungsschreiben sowie Diplomzeugnissen.
*   Do your own
    Hier finden sie einen Dokumentengenerator, mit dem Sie interaktiv Ihren Lebenslauf, das Anschreiben dazu, eine einfache Bewerbungshomepage und einen Dankesbrief erstellen können

sowie Vorlagen für Bewerbungsdokumente und weitere Beispiel-
übersetzungen von Arbeitszeugnissen/Empfehlungsschreiben und
Diplomzeugnissen im MS Word Format.
- Internet links & other resources
  Der *button* führt zu kommentierten Links zu bewerbungsbezo-
  genen Internetressourcen, sowie Kontaktadressen und ein Literaturverzeichnis.

Im rechten oberen Aufklappmenü finden Sie die folgenden Links.
- Das sollten Sie beachten
  Dies ist ein kleiner Ratgeber mit Tipps für Ihren Lebenslauf, das An-
  schreiben und für das Verhalten in Vorstellungsgesprächen und
  Assessment Centers sowie die Jobsuche und das Bewerben mit
  dem Internet, und außerdem Tabellen mit den Unterschieden
  zwischen amerikanischer und britischer Rechtschreibung.
- Phrasebooks
  Diese enthalten englischsprachige Wendungen und Sätze, wie sie
  in Anschreiben, Dankesbriefen, Empfehlungsschreiben und bei
  Vorstellungsgesprächen oft benötigt werden.
- Wörterlisten
  Dieser Link öffnet Listen mit Wörtern und Begriffen, die Sie bei der
  Erstellung Ihrer Bewerbungsdokumente und in Vorstellungs-
  gesprächen benötigen: • Bildungseinrichtungen • Studiengänge,
  Fächer, etc. • Bildungsabschlüsse, Prüfungen, Zeugnisse • Berufs-
  bezeichnungen • Qualifikations- und Persönlichkeitsprofil • *action
  words*.

Mit dem JAA können Sie interaktive Übungen durchführen, kommentierte Modell-Dokumente erforschen, Ihre eigenen Bewerbungsdokumente erstellen und über kommentierte Links im Internet recherchieren. Während dieser Arbeit stehen Ihnen das elektronische
Wörterbuch und die oben genannten Informationen und Hilfsmittel im
rechten Aufklappmenü zur Verfügung.

**VII.4 Arbeiten mit
dem JAA**

Der Bildschirm des JAA besteht aus drei Hauptfunktionsbereichen:

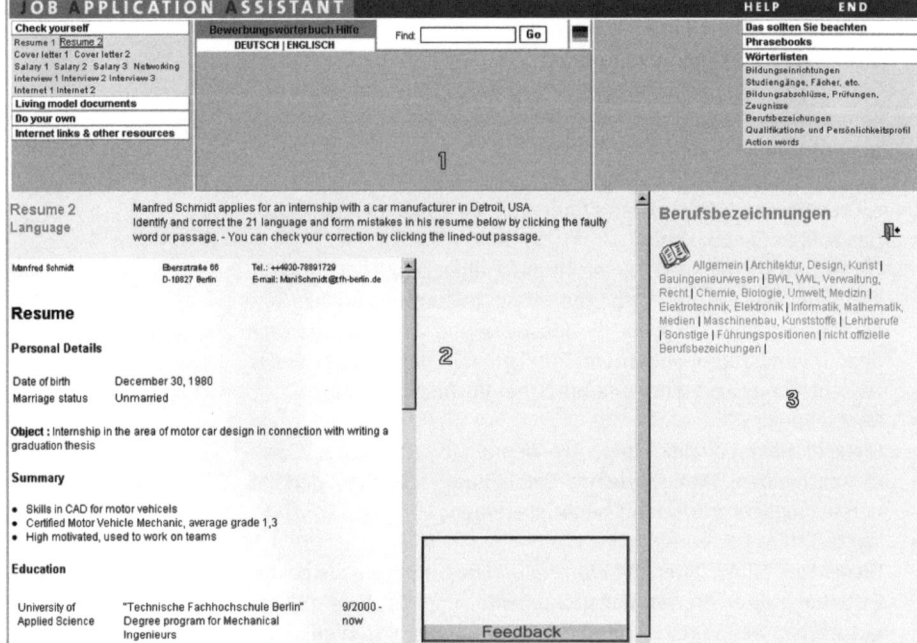

1 **Navigationsbereich** im oberen Feld mit den Aufklappmenüs links und rechts und dem Wörterbucheingabefeld dazwischen,

2 **Hauptarbeitsbereich** links darunter.

3 **Informationsbereich** rechts darunter.

Alle Dokumente, die Sie vom linken Aufklappmenü öffnen, erscheinen im Bereich 2, alle Dokumente, die Sie vom rechten Aufklappmenü aus öffnen, erscheinen im Bereich 3. Das Wörterbuch kann von allen Bereichen aus per Doppelklick angesprochen und natürlich auch unabhängig durch Suchworteingabe genutzt werden.

4.1 Bewerbungswörterbuch

Sie können Wörter nachschlagen, indem Sie

– auf Wörter, die im Hauptarbeitsbereich oder Informationsbereich oder auch innerhalb eines Wörterbucheintrags selbst erscheinen, doppelklicken,

- ein Suchwort in das Eingabefeld eingeben, und „Go" klicken oder die „Enter"-Taste betätigen.

Ändern Sie die Sprachrichtung durch Klick auf DEUTSCH|ENGLISCH oder die Flaggensymbole. In vielen Dokumenten, die im Hauptarbeitsbereich oder Informationsbereich erscheinen, ist die Sprachrichtung voreingestellt. Je nach Bereich oder Wort innerhalb eines Dokumentes wird sie dann automatisch angepasst.

Im Wörterbuch werden die folgenden Symbole benutzt: **Symbolerklärungen**

- ‹U› = uncountable noun; Substantiv, das keinen Plural bildet, z. B. *training U*; also nicht: **I had a training* oder **I had two trainings*, sondern *I had some training* oder *I had two training courses.*
- ‹P› = plural only; Substantiv, das nur im Plural erscheint, z. B. *course contents P*; also nicht: **What is the course content?* sondern *What are the course contents?*
- ‹T› = transitive verb. Ein *T* nach einer Gruppe von Verben bedeutet, dass alle transitiv sind, z. B. *check, supervise, control T. I checked the results* (Verb mit direktem Objekt). *The results were checked* (Passiv).
- ‹I›= intransitive verb, z. B. *work I. I worked as a Technical Assistant for three years* (kein direktes Objekt, kein Passiv möglich).
- [US] = US-amerikanischer Ausdruck, z. B. *academic program* [US].
- [GB] = Britischer Ausdruck, z. B. *course of study* [GB].
- * = amerikanische Schreibweise. z. B. *counselor** (britisch: *counsellor*). [Siehe: amerikanisch-britische Rechtschreibunterschiede in „Das sollten Sie beachten"]
- ‹p› = Substantivierung von *action words*, z. B. *investigate* – ‹p› *carry out investigations.* Solche Substantivierungen können als *keywords* in *resumes* eingesetzt werden.
- ‹j› = Träger von Handlungen in der Liste „action words", z. B. *investigate* – ‹j› *investigator. Investigator* ist ein mögliches *keyword.*
- (job) = offizieller Ausbildungsberuf, der oft durch „Certified" gekennzeichnet und groß geschrieben ist, z. B.: *Bautechniker – Certified Constructional Engineer* (job).
- (sub) = subject = Studiengang oder Studienfach; die englischen Bezeichnungen sind groß geschrieben, z. B.: *Personalwesen – Personnel Management* (sub).
- » = Verweis auf verwandte Wörter im Bewerbungswörterbuch.

- i» = Information, Verweis auf Einträge, die ergänzende Informationen enthalten.
- ‹!› = Achtung: Besonderheiten oder Fehlerquellen.

4.2 Check yourself Übungen

Mit diesen interaktiven Übungen können Sie Ihr „Bewerbungswissen" und ihre Kenntnisse der englischsprachigen Bewerbungsterminologie überprüfen. Interaktive Job Interview-Transkripte helfen Ihnen, sprachliches und strategisch-kommunikatives Verhalten zu reflektieren und zu verbessern.

Starten Sie die einzelnen Übungen nach Öffnen des Check yourself-Bereiches durch Klick auf die angezeigten Übungstitel.

Übungstypen
Lückentexte:
Resume 1, [Resume 2],
Cover letter 1, Salary 1,
Salary 2

Hier sollen Sie Fragezeichen in Textlücken durch den fehlenden Text ersetzen.

Klicken Sie auf die Lücke mit dem Fragezeichen, geben Sie den Text in die Lücke ein, und löschen Sie dabei das Fragezeichen.

Ein Klick auf die Auswertungslampe (graues Dreieck) zeigt Ihnen an, ob Ihre Antwort richtig war: das Licht leuchtet grün für richtig oder rot für falsch. Im Bereich „Feedback" rechts unten können Sie gegebenenfalls Hinweise oder Kommentare zu Ihren Antworten lesen.

Um alle Antworten auswerten zu lassen und eine Rückmeldung über die Zahl der Aufgaben und der richtigen Anworten zu erhalten, klicken Sie auf den Button „Feedback" unterhalb des Feedbackrahmens.

Bei diesem Übungstyp haben Sie drei Versuche. Das bedeutet, dass nach der dritten Feedbackanforderung die Übung komplett korrigiert wird: Richtige Antworten werden (wie zuvor) grün markiert, falsche werden rot markiert und alle fehlenden Lösungen werden in Rot eingetragen.

Zuordnungs-/Anordungsübungen:
Cover letter 2,
Salary 2, Internet 2

Hier können Sie Textelemente aus einem Auswahlkasten im rechten Bildschirmbereich an bestimmte durch Kästchen markierte Stellen im linken Bereich verschieben. Klicken Sie dazu einfach auf ein Textelement – es wird dabei orange markiert – und als Nächstes auf die markierte Stelle im linken Textbereich: Das ausgewählte Textelement erscheint an der Markierung und wird im rechten Bereich als „benutzt" in Grau dargestellt.

Klicken auf ein im linken Bereich eingefügtes Textelement verschiebt dieses zurück in den Auswahlkasten. Sie können ein bereits eingefügtes Textelement einfach durch ein anderes ersetzen, indem Sie das neue Element im Auswahlkasten markieren und dann auf das zu ersetzende Element klicken.

Auch bei diesem Übungstyp haben Sie drei Versuche, d. h. Sie können dreimal Feedback durch Klick auf den Button „Feedback" anfordern. Nach jeder Feedback-Anforderungen werden alle richtigen Zuordnungen markiert, d. h. grün umrandet und abgehakt. Haben Sie bei der dritten Feedbackanforderung die Aufgaben nicht komplett richtig gelöst, so werden zusätzlich alle falschen Zuordnungen für Sie korrigiert und rot markiert.

In dieser Übung sollen Sie sprachliche und formale Fehler im dargebotenen Lebenslauf finden und korrigieren.

Fehler finden und korrigieren: Resume 2

Wenn Sie eine fehlerhafte Textstelle gefunden haben, klicken Sie darauf. Die Stelle wird durchgestrichen und dahinter erscheint ein leerer oder mit einer Textvorgabe gefüllter Eingabebereich und ein graues Feedback-Licht. Zusätzlich erscheint bei einigen Aufgaben ein Hinweis im Feedbackfeld rechts unten. Korrigieren Sie die Textstelle im Eingabebereich und klicken Sie für ein erstes Feedback auf die durchgestrichene Passage davor.

Um alle Ihre Korrekturen zu überprüfen, klicken Sie auf den Feedback-Button. Alle richtig korrigierten Stellen werden Ihnen in Grün angezeigt. Nach dem dritten Klicken des Feedback-Buttons werden fehlende oder nicht korrekt korrigierte Textstellen in Rot angezeigt.

Dies ist eine Lückentext-Übung kombiniert mit einer Zuordnungs-Übung, in der englische Definitionen zu einem deutschen Begriff ergänzt werden sollen und der richtige englische Begriff zugeordnet werden soll.

Kombinationsübung: Salary 2

Es steht Ihnen frei, in welcher Reihenfolge Sie die Teilaufgaben, Lückentexte und Zuordnungen, bearbeiten möchten.

Beim Klick auf den Feedback-Button erhalten Sie eine Gesamtauswertung aller Aufgaben (Lückentext plus Zuordnung), und es werden alle richtigen Lösungen grün markiert. Haben Sie bei der dritten Feedbackanforderung nicht alle Aufgaben komplett richtig gelöst, so werden zusätzlich alle fehlenden und nicht korrekt ausgefüllten Lücken und Zuordnungen für Sie korrigiert und rot markiert.

Zweischrittige Übungen: Networking, Interview 2, Interview 3

Hier müssen Sie jeweils den ersten Teil der Übung lösen, ehe Sie den zweiten bearbeiten können.

In Networking sollen Sie zunächst über die gestellten Fragen nachdenken und dann eine Modellantwort abrufen, die Sie schließlich mit vorgegebenen Begriffen ergänzen.

In Jobinterview 2 entscheiden Sie nach Durchlesen des Interview-Transkripts, wie Sie die Leistung des Kandidaten einschätzen, indem Sie auf ein entsprechendes Smiley am Ende des Transkripttextes klicken. Sie erhalten eine Rückmeldung über die Leistung des Kandidaten. Gleichzeitig werden mehrere Passagen im Transkripttext markiert zusammen mit der Aufforderung, die einzelnen markierten Antworten des Kandidaten zu bewerten. Wieder können Sie dies durch Klicken auf Smileys tun. Danach erhalten Sie eine ausführlichere Bewertung der entsprechenden Antwort und eventuell Verbesserungsvorschläge. Dieses Feedback können Sie nach Bearbeitung einer solchen Aufgabe wieder anzeigen, indem Sie den Mauszeiger (Handsymbol) über die Aufgabe halten.

In Interview 3 müssen Sie zunächst entscheiden, mit welcher Strategie oder welchen Strategien Sie auf die angezeigten Fragen des Interviewers antworten würden. Klicken Sie dazu die vorgegebenen Strategien a bis e an – es können mehrere Möglichkeiten richtig sein – und danach auf *[check it]*. Nun wird Ihre Wahl ausgewertet und es wird die Antwort des Kandidaten angezeigt. Sie sind nun aufgefordert, diese Antwort zu bewerten, indem Sie auf Smileys klicken. Auf Ihre Bewertung erfolgt eine Auswertung Ihrer Auswahl sowie ein ausführlicheres Feedback, das Ihnen erklärt, warum die entsprechende Antwort geschickt war oder nicht. Dieses Feedback können Sie nach Bearbeitung einer solchen Aufgabe wieder anzeigen, indem Sie den Mauszeiger (Handsymbol) über die Aufgabe halten.

Dos & Don'ts Übungen: Salary 3, Interview 1, Internet 2

In diesen Übungen können Sie mit Fragezeichen markierte Textlücken verändern, indem Sie mehrfach darauf klicken. Ein erster Klick zeigt „DO" ein weiterer „DON'T" an und nach einen dritten erscheint wiederum die Textlücke.

Ein Klick auf den Feedbackbutton meldet Ihnen, welche Textlücken Sie korrekt rekonstruiert haben und gibt deren Anzahl sowie die Gesamtzahl der Textlücken an. Bei den Übungen Salary 3, und Internet 2 werden außerdem nach der ersten Feedbackanforderung Erläuterungen unterhalb der *do/don't*-Sätze angezeigt, die Ihnen helfen, Ihre Enscheidung eventuell zu revidieren.

In dieser Übungsform haben Sie drei Versuche. Wenn Sie nach dem dritten Klick auf „Feedback" nicht alle Textlücken richtig rekonstruiert haben, werden die fehlenden und nicht korrekten Rekonstruktionen in Rot korrigiert.

4.3 Living Model Documents

Dies sind kommentierte Beispiele von Bewerbungsdokumenten. Sie können die Kommentare abrufen, indem Sie mit dem Mauszeiger auf gelb unterlegte Textstellen zeigen. Im beweglichen Rahmen links neben dem Dokument werden nun die entsprechenden Erläuterungen angezeigt.

4.4 Do your own

Benutzen Sie den ADG, um Ihre eigenen Bewerbungsdokumente zu erstellen:

Der Application Documents Generator (ADG)

- ein Print-Resume,
- ein E-Resume (Web-Resume, Bewerbungshomepage) gedacht für den Upload auf einen Webserver oder für die Versendung als HTML-E-Mail,
- einen Cover Letter [US style] und einen Covering Letter [GB style],
- eine E-Mail-Bewerbung bestehend aus Cover Letter und Resume,
- einen Thank-you-Letter im US- und GB-style.

Alle diese Dokumente werden im HTML-Format generiert. Zur Weiterverarbeitung können Sie sie in ein Textverarbeitungsprogramm bzw. E-Mail-Programm kopieren.

Sie erstellen Ihre Bewerbungsdokumente, indem Sie die benötigten Angaben in die angezeigten Eingabefelder eintragen und danach auf den oder die Buttons für die gewünschten Dokumente klicken.

Mithilfe der Navigations- und Funktionsleiste können Sie im ADG schnell zu den Eingabebereichen für die verschiedenen Dokumente springen, die Bewerbungsdokumente generieren und Ihre Angaben speichern, laden und löschen.

Navigations- und Funktionsleiste

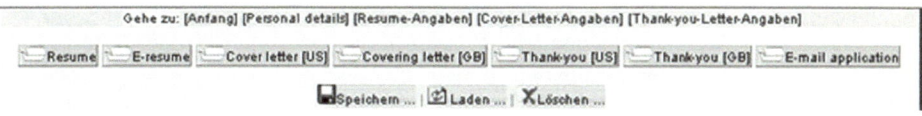

Navigation	Der Eingabebereich des ADG ist in vier Hauptabschnitte unterteilt: 1. Personal Details, 2. Resume-Angaben, 3. Cover-Letter-Angaben, und 4. Thank-you-Letter-Angaben. Angaben im Bereich 1 werden bei der Erstellung von allen Dokumenttypen benötigt. Klicken Sie auf die entsprechende Abschnittsbezeichnung in der Navigations- und Funktionsleiste, um an den Anfang des gewünschten Bereiches zu gelangen.
Speichern der Angaben	In der Navigations- und Funktionsleiste können Sie auch Ihre Angaben für eine spätere Wiederverwendung speichern. Klicken Sie dazu auf „Speichern …" und wählen Sie aus, ob Sie „alle Angaben" oder nur einen Teilbereich davon (nur Personal Details, nur Resume-Angaben, nur Letter-Angaben) speichern möchten. Klicken Sie auf die entsprechende Stelle. Ihre Angaben werden in Form mehrerer XML-Dokumente als Internet-Explorer-Anwendungsdaten gespeichert, üblicherweise im Ordner C:\Dokumente und Einstellungen\[Profilname]\Anwendungsdaten\Microsoft\Internet Explorer\. Der genaue Speicherort richtet sich nach den Einstellungen des Internet Explorers und nach Ihrem auf dem Computer eingerichteten Anwenderprofil.
Laden der Angaben	Sie laden zuvor gespeicherte Angaben, indem Sie in der Navigationsleiste auf „Laden …" klicken und dann auswählen, ob Sie „alle Angaben" oder nur einen Teilbereich davon (nur Personal Details, nur Resume-Angaben, nur Letter-Angaben) laden möchten. Klicken Sie auf die entsprechende Stelle. Achtung: Laden zuvor gespeicherter Angaben ersetzt die aktuellen Angaben in den entsprechenden Eingabefeldern. Da die gespeicherten Daten von Ihrem Anwenderprofil abhängig sind (s.o.), haben Sie nur Zugriff darauf, wenn Sie am Computer unter dem gleichen Namen angemeldet sind wie derjenige, der die Daten gespeichert hat.
Löschen der Angaben	Wenn Sie alle Angaben in den Eingabefeldern oder in einem Teilbereich davon löschen möchten, können Sie dies über „Löschen …" in der Navigationsleiste tun.
Generieren der Dokumente	Nachdem Sie alle notwendigen Angaben gemacht haben, generieren Sie Ihre Bewerbungsdokumente einfach durch Klick auf das entsprechende Symbol in der Navigations- und Funktionsleiste. Die generierten Bewerbungsdokumente werden in einem separaten Browserfenster angezeigt. Ein kleines Popup-Fenster gibt Ihnen Tipps zur weiteren Verwendung der Dokumente.

Die für den Ausdruck generierten Dokumente (Print Resume und Letters) können Sie im Prinzip direkt aus dem Browserfenster heraus ausdrucken. Hierfür sollten Sie allerdings die Druckeinstellungen Ihres Browsers (Ränder, Kopf- und Fußzeile) überprüfen und gegebenenfalls anpassen. Mehr und bessere Möglichkeiten Ihr Dokument auszudrucken haben Sie in einem Textverarbeitungsprogramm wie MS Word. Um diese zu nutzen, kopieren Sie den Inhalt des Browserfensters am einfachsten in ein leeres Textverarbeitungsdokument: Markieren Sie den gesamten Text im Browserfenster (z. B. mit Strg+a), kopieren Sie ihn (z. B. mit Strg+c), öffnen Sie Ihre Textverarbeitung mit einem leeren Dokument, und fügen Sie den Text dort ein (z. B. mit Strg+v). Natürlich können Sie jetzt im Dokument bei Bedarf auch noch Änderungen vornehmen, ehe Sie es ausdrucken und im Format des Textverarbeitungsprogramms speichern.

Dokumente in anderen Programmen weiterverarbeiten

Ihre generierte E-Mail-Application kopieren Sie nach dem oben beschriebenen Verfahren in den Body-Text Ihres E-Mail-Programms. Die Betreffzeile, die am Anfang des Dokuments generiert wurde, schneiden Sie bitte aus und kopieren sie in die Betreffzeile Ihrer E-Mail.

Um die im Browserfenster angezeigten Dokumente auf der Festplatte zu speichern, müssen Sie den Quelltext der Dokumente speichern, sollten also nicht die Browsermenü-Befehle „Speichern" bzw. „Webseite speichern" benutzen.

Speichern der generierten Dokumente aus dem Browser

Den Quelltext zeigen Sie an, indem Sie „Ansicht/Quelltext" wählen oder mit der rechten Maustaste irgendwo im Fenster klicken und aus dem angezeigten Menü „Quelltext anzeigen" auswählen. Wählen Sie nun im Quelltextfenster den Menübefehl „Datei/Speichern". Geben Sie als Speicherort einen Ordner auf Ihrer Festplatte an (z. B. C:\Eigene Dateien\Bewerbungen) und achten Sie darauf, dass Sie der zu speichernden Datei die Endung „.htm" oder „.html" geben. – Dann können Sie sie, z. B. durch Doppelklick im Explorer, später wieder in Ihren Browser laden oder auch in Ihrer Textverarbeitung öffnen.

Eingabehilfen

Während Sie Ihre Angaben eintragen, stehen Ihnen folgende Hilfen zur Verfügung:

- Info
  Dieser Button zeigt kurze Erläuterungen zum jeweiligen Eingabefeld an.

- **Words**
  Dieser Button öffnet deutsch-englische Wörterlisten (Berufsbe-zeichnungen, Action Words etc.) zu den jeweiligen Eingabefeldern.
- **Mustertext**
  Dieser Button füllt das Eingabefeld daneben oder darunter mit einem Mustertext.
- **Einträge übernehmen**
  Dieser Button kopiert Einträge von einem Feld in ein anderes.
  Einige Eingabefelder enthalten erläuternde „Tooltips", die Sie anzeigen lassen können, indem Sie den Mauszeiger für ca. 2 Sekunden darüberhalten.
  Außerdem können Sie während der Arbeit mit dem ADG natürlich auch das Bewerbungswörterbuch benutzen – per Doppelklick auf ein Wort im Text oder per Suchworteingabe in das Eingabefeld.

MS Word model document

Unter diesem Menüpunkt finden Sie vier Sätze von Bewerbungs-dokumenten im MS Word Format (*.doc) sowie Beispielübersetzungen von Arbeitszeugnissen/Empfehlungsschreiben und Diplomzeugnis-sen. Außerdem befinden sich hier zwei MS Word Dateien mit Beispiel-übersetzungen von Arbeitszeugnissen/Empfehlungsschreiben und Diplomzeugnissen. Sofern Sie MS Word (ab Version 97) auf Ihrem System installiert haben, können Sie diese Dokumente durch Doppel-klick auf das Dateisymbol öffnen und für Ihre Zwecke bearbeiten.

4.5 Internet links & other resources

Die Seiten in diesem Bereich enthalten kommentierte Links zu Webseiten und E-Mail-Adressen, die Sie, sofern Sie eine Internet-verbindung besitzen, jeweils durch Klick auf die angezeigte Adresse oder bei Webseiten auf das Bildsymbol öffnen können.

Anhang

Bewerbungsliteratur

Die folgenden Titel sind eine Auswahl aus der umfangreichen Literatur über Bewerbungen in englischsprachigen Ländern. Auch einige wichtige Werke, die Bewerbungen im deutschen Sprachraum behandeln, wurden aufgenommen (auch auf CD-ROM).

1 Allgemeines

Bolles, Richard: *What Color is Your Parachute? – A Practical Manual for Job-Hunters and Career-Changers.* Ten Speed Press, Berkeley CA, erscheint jährlich.

Hashimi, Terik (Hrsg.) und Giersberg, Dagmar: *10 Schritte zu einer erfolgreichen Bewerbung in den USA.* TIA-Verlag, Bonn, 2000/01.

Hesse, Jürgen und Schrader, Hans Christian: *Das Hesse-Schrader-Bewerbungshandbuch.* Eichborn Verlag, Frankfurt a.M., 2000.

Konstroffer, Oluf F. und Steiner, Kerstin: *Der Weg nach oben: Das große Bewerbungshandbuch.* Nest Verlag, Frankfurt a.M., 2000.

Lahrmann, Nils: *Bewerben im Ausland.* CC-Verlag, Hamburg, 1999.

Lee, Anthony et al.: *Bewerben in Europa – Der Ratgeber für alle EU-Länder.* Falken Verlag, Niedernhausen/Ts., 1999.

Messmer, Max: *Job Hunting for Dummies.* John Wiley & Sons, Hoboken NJ, 1999.

Murray, J. und Gröning, Victoria: *Erfolgreich Bewerben auf Englisch.* Humboldt-Taschenbuchverlag, München, 2000.

Neuhaus, Dirk und Neuhaus, Karsta: *Das Bewerbungshandbuch für die USA.* ILT-Europa-Verlag, Bochum, 1998.

Neuhaus, Dirk und Neuhaus, Karsta: *Das Bewerbungshandbuch für Europa.* ILT-Europa-Verlag, Bochum, 1997.

Schürmann, Klaus und Mullins, Suzanne: *Weltweit bewerben auf Englisch.* Eichborn Verlag, Frankfurt a.M., 2002.

Schürmann, Klaus und Mullins, Suzanne: *Die perfekte Bewerbungsmappe auf Englisch: Anschreiben, Lebenslauf und Bewerbungsformular – länderspezifische Tipps.* Eichborn Verlag, Frankfurt a.M., 2001.

Yate, Martin John: *Knock 'Em dead.* Adams Media, Avon MA, 2003.

2 Teilaspekte der Bewerbung

Farr, J. Michael: *America's Top Resumes for America's Top Jobs.* Jist Works, Indianapolis IN, 2002.

Jackson, Tom and Jackson Ellen: *The Perfect CV: How to get the job you really want.* Doubleday (US), Piatkus Judy, London, 1997.

Kennedy, Joyce Lain: *Cover letters for Dummies.* John Wiley & Sons, Hoboken NJ, 2000.

Kennedy, Joyce Lain: *Resumes for Dummies*, John Wiley & Sons, Hoboken NJ, 2003.
Tepper, Ron: *Power Resumes*. John Wiley & Sons, Hoboken NJ, 1998.
Yate, Martin John: *Cover Letters That Knock 'Em Dead*. Adams Media, Avon MA, 2000.
Yate, Martin John: *Resumes That Knock 'Em Dead*. Adams Media, Avon MA, 2000.

Hesse, Jürgen und Schrader, Hans-Christian: *Assessment Center – Das härteste Personalauswahlverfahren bestehen*. Eichborn, Frankfurt a.M., 2002.
Püttjer, Christian und Schnierda, Uwe: *Erfolgreich im Assessment Center: Das Trainingsprogramm für Hochschulabsolventen*. Campus Verlag, Frankfurt a.M., 2001.
Püttjer, Christian und Schnierda, Uwe: *Assessment-Center Training für Führungskräfte: Die wichtigsten Übungen, die besten Lösungen*. Campus Verlag, Frankfurt, 2001.
Trolley, Harry und Wood, Robert: *How to Succeed at an Assessment Centre*. Kogan Page, London, 2001.
Wilson, Mary: *How to Succeed at Assessment Centres*. Trotman, Richmond, 1995.

von Emden, Eva M. J.: *Hängt mich höher! Seilschaften gezielt unterwandern*. Redline Wirtschaft bei Verlag Moderne Industrie, München, 2002.
Fey, Gudrun: *Kontakte knüpfen und beruflich nutzen – Erfolgreiches Netzwerken*. Walhalla Verlag Regensburg/Düsseldorf/Berlin, 2002.
Hesse, Jürgen und Schrader, Hans Christian: *Networking als Bewerbungs- und Karrierestrategie. Beziehungen aufbauen, pflegen und nutzen*. Eichborn, Frankfurt a.M., 1999
Scheler, Uwe: Erfolgsfaktor *Networking. Mit Beziehungsintelligenz die richtigen Kontakte knüpfen, pflegen und nutzen*. Campus, Frankfurt a.M./New York, 2000.

3 Assessment Center

4 Networking

5 Spezifische Bewerber-Zielgruppen

Drews, Gerald et al.: *Berufs- und Karriereplaner 2002/2003 – Technik.* Gabler/MLP, Wiesbaden, 2002.

Hesse, Jürgen und Schrader, Hans Christian: *Die perfekte Bewerbungsmappe für Hochschulabsolventen: Kreativ – überzeugend – erfolgreich.* Eichborn, Frankfurt a.M., 2002.

Hesse, Jürgen/Schrader, Hans Christian: *Neue Bewerbungsstrategien für Hochschulabsolventen: Startklar für die Karriere.* Eichborn, Frankfurt a.M., 2001.

Hoffmann, Lutz et al.: *Berufs- und Karriere-Planer 2002/2003 – Wirtschaft.* Gabler/MLP, Wiesbaden, 2002.

6 Bewerben Online

Ackley, Kristina M.: *100 Top Internet Job Sites: Get Wired, Get Hired in Today's Job Market.* Impact, Manassas Park VA, 2000.

Cardis, Julia A.: *The Complete Idiot's Guide to Finding Your Dream Online.* Web Mill, Novato CA, 2000.

Dickel, Margaret Riley and Roem, Francis: *The Guide to Internet Job Searching.* NTC, Lincolnwood IL, erscheint jährlich.

Dixon, Pam: *Job Searching Online for Dummies.* John Wiley & Sons, Hoboken NJ, 2000.

Funk, Christopher et al.: *Bewerben im Internet – Stellenangebote und Bewerbungen online.* Falken, Niedernheim, 2001.

Hesse, Jürgen und Schrader, Hans Christian: *Erfolgreiche Stellensuche und bewerben im Internet.* Eichborn, Frankfurt a.M., 1999.

Metzger, Roland: *Erfolgreich bewerben im Internet: Recherchieren – gewusst wie: Per E-Mail zum Traumjob.* Falken, Niedernheim, 2002.

Püttjer, Christian and Schnierda, Uwe: *Die gelungene Online-Bewerbung.* Campus Verlag, Frankfurt a.M., 2001.

Smith, Rebecca: *Electronic Resumes & Online Networking: How to Use the Internet to Do a Better Job Search, Including a Complete, Up-to-Date Resource.* Career Press, Franklin Lakes NJ, 2000.

Straub, Carrie: *How to Market Yourself on the Internet.* Crisp Publications, Menlo Park CA, 1998.

Whitcomb, Susan B. and Kindall, Pat: *e-resumes: Everything You Need to Know about Using Electronic Resumes to Tap into Today's Hot Job Market.* McGraw-Hill Trade, Whilby Ontario, Canada, 2001.

Diese Beispiele wurden als Übung von Studierenden erstellt und an teilweise reale Firmen gerichtet. Nur die Namen und Angaben zu den Personen wurden redaktionell geändert.

Muster für Cover/ Covering Letter und Resume/CV

- In Beispiel 1 werden im Resume die Arbeitstitel der Bewerber durch ihre Platzierung ganz links betont. In allen anderen Resumes und CVs dagegen werden Firmentitel durch ihre Platzierung ganz links betont.
- Bei Beispielen 2 und 3 handelt es sich um Initiativbewerbungen, bei Beispielen 1 und 4 um Reaktionen auf Stellenanzeigen.
- Beispiel 3 ist eine Bewerbung auf eine Praxissemesterstelle, alle anderen Beispiele sind Bewerbungen auf Einstiegsstellen in den Beruf.
- Beispiel 2 ist britisch, alle anderen sind amerikanisch orientiert.

Beispiel 1

Jungstr. 17
01440 Dresden
Germany
Tel.: ++49-351-74126154
E-mail: Apechle@gmx.de

November 6, 2003

Dawn Mitchell
Personnel Manager
Media Wizards
926 Avenue of the Americas
New York, NY 10018
USA

Application for Media Designer

Dear Ms. Mitchell:

As I will soon be graduating from the University of Dresden in Germany with a degree in Media Computer Science, I wish to inquire about entry-level opportunities. Your innovative and quality work in designing web sites for renowned companies like Coca-Cola and Nike has prompted me to send you this letter of application offering you extensive experience in the following fields:

- Web Design and Business Solutions
- JAVA, C++, Dreamweaver, Maya and Flash
- Instruction of JAVA
- Project Management: Batch Process in JAVA - Multithreaded

I worked two years part time for Conrad Electronics, the largest electronic mail-ordering company in Germany, as a System Consultant. During this time I worked in an efficient team and developed skills in organization, motivating team members and managing projects. Later in a three-month internship at Mediasoft in Padua, Italy, I designed and implemented an e-business web-shop. As Media Wizards is globally competitive, my fluent skills in English, French and German as well as my modest skills in Italian will prove to be very useful.

As I am confident that I can significantly contribute to the success of Media Wizards, I would be very pleased to have a personal or telephone interview. For further information please feel free to contact me at anytime. I greatly appreciate your interest and am looking forward to hearing from you soon.

Sincerely,

Arthur Pechle

Enc. resume

Jungstr. 17   Tel.: ++49-351-74126154
01440 Dresden   E-mail: Apechle@gmx.de
Germany

Arthur Pechle

Objective	Media Designer	
Personal details		
Date of birth	May 18, 1980	
Nationality	German	

Education

University	University of Dresden, Germany	10/1999 - present
	Academic Program in Media Computer Science	
	Degree to be earned: "Dipl.-Medien-Informatiker"	
Upper-track	"Karl-Schiller-Gymnasium"	9/1993 - 6/1999
Secondary School		

Work experience

JAVA Instructor	University of Dresden	10/2001 - present
Web-Shop Designer	MEDIASOFT, Padua, Italy	7/2001 - 9/2001
	Implemented e-business web shop in JAVA	
System Consultant	CONRAD ELECTRONICS, Dresden	9/1999 - 1/2001
	Administered e-communications	

Special skills / Interests

Computer skills	Microsoft Office, Windows 2000/XP, Linux,
	Adobe Acrobat, Corel Draw, 3 D Studio,
	Macromedia Flash 5, Autocad, Dreamweaver
	Development Tools: Java, C++, SQL, HTML
Foreign languages	Fluent in English and French, basic Italian
Hobbies	Skiing, cycling, photography

References	Available upon request

Issued on November 6, 2003

Beispiel 2

Johanna Maier
Entlangstrasse 77
75177 Pforzheim
Germany

10 November 2003

BMW Forschungs- und Entwicklungszentrum FIZ
Abteilung Entwicklung und Design
Knorrstr. 147
80788 München
attn Mr Chris Bangle

Dear Mr Bangle,

Application for entry-level position as Automotive Designer at Newbury Park, England

I am writing to inquire about opportunities for Junior Designers in the BMW Group's Design Centre at Newbury Park, England. I am very impressed by the Newbury Design Centre being the forerunner in the introduction of a new BMW-developed sustainability management system throughout the entire BMW Group, assessing all corporate divisions on their social responsibility, economic efficiency and environmental-protection friendliness.

After several internships at your BMW Design Centre in Munich, I have come to identify myself closely with your work. I would therefore like to launch my career with BMW. My qualifications include the following:

- Soon-to-be-earned degree in Automotive Design at leading German university
- Real-scale interior design at BMW, Opel, Alfa Romeo
- Virtual model building employing CA technologies at Opel

I will complete my course of study in the spring of 2004. I am confident that I have the required qualifications to be able to support you significantly in reaching your goals.

As I can make an immediate contribution to your project designs, I would appreciate the opportunity to meet with you to discuss what employment opportunities you may have now or in the near future.

Thank you for your interest. I look forward to hearing from you soon.

Yours sincerely,

Johanna Maier

Encl CV

Entlangstrasse 77
75177 Pforzheim
Tel.: ++49-172-81-54-762
E-mail: JMaier@web.de

Johanna Maier

Personal Details

Date of birth	31 October 1978
Place of birth	Munich
Nationality	German

Professional experience

Hymer Innovations & Design Center	Automotive Designer	• Automotive Design projects	8/02 - 10/02
Schweizer & Junghans Design Consulting	Industrial and Automotive Designer	• Design projects on the side	5/02 - 7/02

Internships

Alfa Romeo	Design Internship Advanced Designer	• Teamwork with students • Real-scale interior design • "Stile generale" design	5/03 -7/03
Opel	Design Internship Model Designer	• Realization of interior design • Virtual model building • CA Technologies	3/03 - 4/03
BMW	Design Internship Model Designer	• Advanced Design Department • Rendering, animations • Tape-Rendering 1:5	8/01 - 9/01
BMW	Required Internship for FH Pforzheim Model Designer	• ALIAS modelling • Presentation techniques • BMW Roadster design project	12/99 - 8/00
BMW	Voluntary Internship Model Designer	• Clay modelling • ALIAS modelling	7/98 - 10/98

Education

• University of Applied Sciences for Design („Fachhochschule" Pforzheim)	2000 - present
• Upper-stream Secondary School („Gymnasium" Kirchheim)	1991 - 2000

Computer skills

• MS Office	• After FX	• Frontpage
• ALIAS Wavefront Autostudio	• Premiere	• Photopaint
• Photoshop Illustrator	• Corel Draw	

Language skills

• English (fluent, both spoken and written)
• French (basic knowledge)

Issued on 10 November 2003

Beispiel 3

David Sauer
Kittelstrasse 30
10963 Berlin, Germany
(++49) 30 – 2232250

September 12, 2003

Ms. Mary Flynn
Personnel Department
Ford Motor Company
1347 Henry Ford Street
Detroit, MI 48331
USA

Application for a six-month internship position in Manufacturing

Dear Ms. Flynn:

I am currently a third-year student of Mechanical Engineering at the University of Applied Sciences in Berlin with specialization in Manufacturing . I am interested in serving an internship at the Ford Motor Company from February to July of next year during which time I am required by the curriculum of our academic program to write a research paper that would be of service to you in some manner. In particular I believe I can offer you useful professional experience and qualifications at your new assembly plant in Sao Paulo, Brazil:

- Redesigning production of connection rods (as research-project team member at Volkswagen AG in Braunschweig – resulted in production savings of € 80,000/year)
- Optimizing supply chain and work processes of production line (at Krupp, Brazil)
- Communicating in Portuguese in context of automobile-assembly plant

Although I feel particularly qualified for contributing my skills to the success of your new plant in Brazil, I am geographically flexible and am willing to work at any Ford location that can employ my services in manufacturing. With my numerous skills in manufacturing/engineering I am confident that I will be able to contribute significantly to Ford as a valuable team member.

If there is any additional information that you desire, please let me know. Thank you for your interest.

Sincerely,

David Sauer

Encl. resume

David Sauer

	Kittelstrasse 30	Tel./Fax: ++49-30-22322350
	10963 Berlin	Mobil: ++49-173-8793804
	Germany	E-mail: David.Sauer@gmx.de

Personal details

Date of birth	September 21, 1973
Place of birth	Braunschweig
Nationality	German
Marital status	Single

Objective Internship in Manufacturing

Summary
- Competent professional: highly competitive, reliable
- Proven leadership skills
- Independent, industrious worker and also team player
- Flexibility in type and location of work

Work experience

Krupp Módulos Automotivós do Brasil	Engineering Internship in Curtiba, Brazil - optimized supply chain / work processes - analyzed process of welded seams - recorded time studies	9/2002–3/2003
Volkswagen AG Braunschweig	Industrial Mechanic - improved connecting rods effecting savings of up to € 80,000 per year - designed cost centers - operated machine tools	7/1995–9/2000
Military Service	Lüneburg	7/1994–6/1995
Volkswagen AG Braunschweig	Industrial Mechanic - specialized in shock absorbers	2/1993–6/1994

Education

University of Applied Sciences	TFH Berlin: Mechanical Engineering Specialization in Manufacturing Degree to be earned: Dipl.-Ingenieur (FH)	9/2000–present
Vocational Secondary School	"Teutloff Berufsschule", Braunschweig Degree earned: Certified Technician for Automation Techniques	4/1996–3/2000
Apprenticeship	Volkswagen AG Braunschweig Degree: Certified Industrial Mechanic Specialization in, production lines, steering systems, front and rear axles	2/1990–1/1993

Special skills / Interests

Microsoft programs	Word , Excel, PowerPoint, Access, Outlook
Further programs	Auto CAD, PASCAL, SAP R/3, C++
Foreign languages	Portuguese (fluent), English (moderate), German (native speaker)

Issued September 12, 2003

Beispiel 4

Prinzenallee 22
10405 Berlin
Germany
Tel. ++49 30 44100132
E-mail: inabauer@gmx.de

November 27, 2003

Nokia Inc.
Gail Grover
Human Resource Department
Mountain Road 89
Silicon Valley, CA 79747
USA

Application for R&D Project Manager Assistant position advertised by Monsterboard

Dear Ms. Grover

My interest in the advertised position for an R&D Project Manager Assistant has prompted me to send you my application.

Since 2000 I have been a student of Industrial Engineering at the Technical University – Berlin. I will be awarded my degree in this field in June 2004. Upon successful completion of my studies I would very much like to launch my career with Nokia because I can identify myself very closely with Nokia: I have already enjoyed serving a very stimulating internship at Nokia in Kiel. Moreover, I wish to apply my skills, leadership experience and motivation to the tasks of a responsible position in a globally operating company like Nokia.

As you can verify in my enclosed resume as well as in my application web page (inabauer@gmx.de), I meet all the qualifications required for the advertised position. My knowledge of the market and my talent for leadership find their roots in the early experience I gained working in the electronics firm of my father. The extensive amount of work experience that I have acquired in the meantime demonstrates that I am a motivated and dedicated professional in this field. Moreover, the experience I obtained while serving an internship at Nokia in Kiel and the advanced degrees in Mathematics and Physics should be especially attractive for you.

I appreciate your interest in my application and welcome the opportunity for a personal or telephone interview. I am looking forward to hearing from you soon.

Sincerely

Ina Bauer

Encl. resume

Prinzenallee 22   Tel. ++49 30 44100132
10405 Berlin   Fax ++49-30-50100299
Germany   E-mail: inabauer@gmx.de

Ina Bauer

Personal Details

Date of birth	March 5, 1980
Place of birth	Berlin, Germany
Nationality	German
Marital status	Single

Objective

R&D Project Manager Assistant

Summary

- Skilled in leadership and negotiating
- Sociable/eloquent in dealing with customers/office staff
- Independent yet also effective team player
- Competent professional: highly competitive, reliable

Education

Technical University	TU Berlin: Industrial Engineering Specialization in Electrotechnology Degree to be earned: Dipl.-Wirtschaftsingenieur	10/1999 – present
Upper-track Secondary School	Solitude "Gymnasium", Berlin	8/1992 – 7/1999

Work Experience

TU Berlin	Tutor in group training for Machine Elements	9/2001 – present
Nokia Kiel	Internship -optimized production processes -oversaw introduction to new product line	7/2001 – 9/2001
Bauer-Elektro	Part-time production assistant -tested devices for quality control -assumed various production-line tasks	9/1995 – 9/1999

Special Skills/Interests

Languages	English (fluent), German (native speaker), French (basic)
Computer Skills	Win98/2000, Excel, Word, PowerPoint, Access, Linux
Hobbies	Water-polo Team Captain in premier league

References

Available upon request

Issued on November 27, 2003

Hinweis zur CD-ROM

Starten der CD-ROM

Wenn Sie die CD-ROM in Ihr CD-ROM-Laufwerk einlegen, startet sie automatisch: Die Startseite erscheint, und nach einigen Sekunden öffnet sich der Job Application Assistant. Dabei wird der Internet Explorer geöffnet, was aber nicht bedeutet, dass Sie online arbeiten.

Sollte die Autostart-Funktion auf Ihrem Computer ausgeschaltet sein oder sollte der Internet Explorer nicht Ihr Standardbrowser sein, so müssen Sie die CD manuell starten. Starten Sie dazu den Internet Explorer und öffnen Sie die Datei „JAAstart.htm" von der CD (Datei öffnen ... / Durchsuchen ...). Auf der CD befindet sich eine aktuelle Version des Internet Explorer, die Sie bei Bedarf installieren können.

Alternativ können Sie auch den Speicherort der Datei in die Adressleiste des Browsers eingeben. Dieser lautet „D:\JAAstart.htm", wenn D:\ der Buchstabe für Ihr CD-Laufwerk ist. Beachten Sie den Backslash (\) in dieser Adresse.

Hard- und Softwarevoraussetzungen
- PC mit CD-ROM-Laufwerk
- Windows® 95 oder höher, Windows® 2000, NT, XP
- Internet-Explorer 5.5. oder höhere Version
Hotline
Telefon (030) 89785-522 (werktags 10 - 12 Uhr und 14 - 16 Uhr)
E-Mail support@cornelsen.de
Website www.cornelsen-software.de/support

Die Internet-Adressen und -Dateien, die in diesem Lehrwerk angegeben sind, wurden vor Drucklegung geprüft (Stand: November 2003). Der Verlag übernimmt keine Gewähr für die Aktualität und den Inhalt dieser Adressen und Dateien oder solcher, die mit ihnen verlinkt sind.